本书出版受到国家林业和草原局业务委托项目"绿色'一带一路'战略研究""中国原木进口渠道优化系统研究""'双碳'目标下的林业碳汇市场管理与实践研究"等课题的支持

中国森林公园旅游发展
影响因素与效率研究

秦光远 程宝栋 / 著

人民出版社

目　　录

绪　　论

党的二十大报告明确提出"大自然是人类赖以生存发展的基本条件。尊重自然、顺应自然、保护自然，是全面建设社会主义现代化国家的内在要求。必须牢固树立和践行绿水青山就是金山银山的理念，站在人与自然和谐共生的高度谋划发展"①。森林公园作为大自然的重要组成部分，提供了人与自然和谐相处的有效连接和空间场所，越来越多的人走进森林公园，感知自然、体验自然，从自然中汲取智慧和力量。从1982年国务院批准设立中国第一个国家森林公园——张家界森林公园算起，至今已四十余年，中国森林公园发展发生了翻天覆地的巨大变化：分层级建设森林公园的体系日臻完备，国家森林公园、省级森林公园、县市级森林公园都有了规范的申请、认定标准和程序，有力地推进了不同层级森林公园的大发展；广分布的森林公园覆盖和辐射了我国国土的大部分，为广大人民群众享受森林公园资源、风景、景观和人文历史等提供了便捷渠道；持续不断的各项投资极大地改善了森林公园相关设施条件和服务水平，显著提升了游客的可达性、体验感和幸福感。

贯彻落实生态文明战略，积极践行"绿水青山就是金山银山"的发展理念，依托森林公园发展森林旅游、生态旅游等成为多数森林公园

---

① 习近平：《高举中国特色社会主义伟大旗帜　为全面建设社会主义现代化国家而团结奋斗——在中国共产党第二十次全国代表大会上的报告》，人民出版社2022年版，第49—50页。

1

的重要选择。从实践来看，森林公园的选择、建设和认定是有严格标准规范的，根据《森林公园管理办法》的相关界定，国家级森林公园是指森林景观特别优美，人文景物比较集中，观赏、科学、文化价值高，地理位置特殊，具有一定的区域代表性，旅游服务设施齐全，有较高的知名度；省级森林公园是指森林景观优美，人文景物相对集中，观赏、科学、文化价值较高，在本行政区域内具有代表性，具备必要的旅游服务设施，有一定的知名度；市、县级森林公园是指森林景观有特色，景点景物有一定的观赏、科学、文化价值，在当地知名度较高。经过四十多年发展，遍布各地的几千家不同层级的森林公园不仅在保护森林生态资源、景观和生态系统方面发挥着关键作用，还在传播生态文明理念、践行"两山理论"、助力林业经济绿色转型发展等方面作出了卓有成效的探索。

从历史来看，我国森林公园发展呈现明显的阶段性特征，在不同历史阶段，森林公园面临的发展形势、发展机遇、发展的方式均呈现明显的差异性。森林公园作为一种公共产品供给，与经济社会发展程度存在紧密关联，从经济社会发展与旅游发展关系的一般规律来看，当经济社会发展程度较低时，人们对于森林公园和森林旅游的需求也比较低；当经济社会发展程度比较高时，人们对森林公园及其衍生旅游需求也会明显增加。长期以来，我国森林公园的建设运行多依托于国有林场等主体，在森林旅游发展早期，社会公众对森林旅游的认知和需求均处在较低水平，国有林场的经营发展基本上不依赖旅游，导致国有林场也缺乏发展森林旅游的思路和方法。后来，随着经济社会快速发展，城市和农村流动的加速，人们对于美丽自然风光、优美自然景观的需求明显快速增长，越来越多的人们开始进入国有林场，走进森林，一方面，给国有林场的传统经营管理项目提出很多新需求；另一方面，也激发国有林场主动对接市场变化，想方设法满足人们进入森林、体验和欣赏森林景观的需求，发展旅游的思路逐渐变得清晰，配套设施和项目的供给加速推进，极大地推动了森林公园旅游产业的发展。

1980 年，原林业部颁布《关于风景名胜区国营林场保护山林和开展旅游事业的通知》，批准国营林场开展旅游工作，初步选定 8 家林场作为首批森林公园试点，也就是从这一时期开始，建设森林公园、发展森林旅游成为我国一项新兴事业。到了 1982 年，原国家计划委员会正式批准设立湖南省张家界国家森林公园，成为我国森林公园发展历史上一个重要的标志性事件，昭示着森林公园、森林旅游事业进入新的发展阶段。张家界国家森林公园的示范效应非常显著，受之影响，全国多省份立足本地区森林资源优势，纷纷启动建设森林公园的探索，一大批森林公园如雨后春笋般出现，例如，河南省嵩山、安徽省琅琊山、陕西省楼观台、浙江省千岛湖、广东省流溪河、江苏省虞山等一批森林公园先后建成并投入运营，产生了广泛的社会影响。

然而，由于森林公园运营管理单位对森林公园发展森林旅游缺乏科学的谋划，相关设施配备也比较急促简化，对于一些敏感生态系统、脆弱生态系统等缺乏科学的认知和应有的保护举措，加之短期内大量游客的涌入，在很大程度上干扰甚至打破了原有自然生态系统的平衡，导致了一些森林生态资源、森林生态景观的破坏和损毁，环境污染、生态破坏、生态系统承载力下降等快速显现并不断演化，引起了社会各界的广泛关注和重视。如何应对和破解这些问题，成为摆在森林公园面前的棘手难题，亟待探索新的发展模式和道路。

面对新的形势和挑战，林业主管部门先后成立中国森林风景资源评价委员会、发布《森林公园管理办法》、编制《森林公园总体设计规范》、实施《中国森林公园风景资源质量等级评定》国家标准等，湖南省、四川省等一些先行省份陆续出台森林公园管理相关法规制度，科学谋划森林公园建设管理，为森林公园开展规范化、法治化和科学化的管理运营奠定了扎实基础。与此同时，中央和地方政府也加大了对森林公园建设的支持力度，中央资金、地方政府资金、社会筹集资金等多元化资金不断进入森林公园，基础设施建设、保护防护性设施、旅游相关设施等加速供给，一方面，改善了森林旅游设施条件；另一方面，也保护了森林生态资源和生态系统。

进入 21 世纪以来，我国林业发展方向和重点出现了重大转变，加强天然林资源保护、强化生态建设等成为我国林业发展的重中之重。同一时期，随着中国加入 WTO，与世界的交流和联系空前活跃，经济社会发展速度明显加快，人们收入呈现快速增长，对环境、生态、旅游等认知深化、需求增多，国有林场对森林资源的开发利用转变为保护性利用，发展森林旅游成为广泛共识。自 2011 年以来，森林公园被纳入《全国主体功能区规划》国家禁止开发区域范畴。国家林业局森林公园管理办公室承担了指导、管理森林公园发展森林旅游的相关职能，进一步明确了森林公园以保护为首要任务的发展管理目标，同时各级政府管理部门也加大了对森林公园保护的支持力度和相关保障。各级各类森林公园在促进森林资源保护、带动林业产业发展、弘扬生态文明、实现兴林富民等方面的作用进一步增强，在培育旅游新产品、发展旅游新业态、加快旅游业协调快速发展中，发挥了积极作用。

特别是 2019 年 6 月，中共中央办公厅、国务院办公厅印发《关于建立以国家公园为主体的自然保护地体系的指导意见》，明确指出，森林公园作为自然公园的重要组成部分，统一纳入自然保护地体系范畴，在保护生物多样性、保存自然遗产、改善生态环境质量和维护国家生态安全方面发挥了重要作用。进入新时代，认真贯彻落实习近平生态文明思想、积极践行"绿水青山就是金山银山"理念，森林公园发展将迎来新的重大机遇，如何有效提升生态产品供给能力，维护国家生态安全，更好地为建设美丽中国、实现中华民族永续发展提供生态支撑，需要系统谋划、创新探索、加强研究、积极实践。

四十多年来森林公园的发展实践和探索积累了非常丰富的知识和经验，吸引了广泛的关注和研究，大量学人对森林公园的发展、森林旅游的发展进行了长期的跟踪研究，取得了一大批有影响力的研究成果，有力地支撑了森林公园管理部门对森林公园发展实施更科学合理的指导和管理，有力地推动了森林公园发展森林旅游的质量和效益。与此同时，广大森林公园的丰富实践也极大地丰富和拓展了学人的研究，实现了相互影响、相互促进、共同成长的良性互动。得益于前期大量研究成果的铺垫和启迪，本书的研究内容聚焦于森林公园的旅游发展，从微观森林公园主体的视角，采用量化研究的方法，对影响森林公园旅游发展的因素进行了系统、细致、全面的研究，在丰富现有关于森林公园发展森林旅游研究成果的同时，也期待能为有兴趣探究森林公园、森林旅游发展的学人提供一点基础和启发。

第一章　森林公园与森林旅游
发展的研究进展

　　森林公园作为自然公园的一种重要类型，长期以来，为广大人民群众体验自然休闲、游憩、娱乐、学习和科研等提供了广阔的空间和丰富的资源，随着经济社会发展日益成为人们生活中不可或缺的一部分，也成为显示经济社会发展水平和人们生活质量品质的重要标志。由此也引发了大量、全面而持久的研究探索，经济学、社会学、生态学、旅游学等多学科的研究不仅深化和拓展了人们对森林公园旅游发展的认识和了解，还有力地推进和提升了森林公园发展旅游的行动和能力。本书着重探讨了中国森林公园旅游发展的影响因素，从实证的角度对影响森林公园旅游发展的因素进行了量化分析和讨论。已有大量相关文献和研究为本书的完成既提供了扎实的研究基础和素材，也提供了丰富的参考和借鉴。

第一节　关于投资对森林公园旅游发展
影响的研究

　　在森林公园旅游发展的过程中，投资始终发挥着非常重要的作用。在旅游学的研究范畴内，投资分析历来也是旅游研究的热点话题。梳理已有相关研究，大致可分为四类：一是对旅游投资形势、问题及对策的分析（夏杰长、齐飞，2018；苏建军、孙根年，2018）；二是对旅游投融资机制、途径与模式的分析（邓爱民，2009；Balaguer，Pernías，2013；胡梦姚、黄建宏，2015）；三是对旅游投资环境、风险与效益的分析（Rosentraub，Joo，2009；潘华丽，2013；龙祖坤等，2015；Li et al.，2016；Banerjeem et al.，2016）；四是对旅游投资的影响与作用，侧重旅游投资对旅游发展、经济增长、产业转型、社区发展的影响、作用机理及贡献（Jenkins，1982；Coffey，1993；Mahony，Van Zyl，2002；赵多平等，2012；Omotholar，2016）。

然而，从已有研究成果来看，学术界对旅游投资影响与作用的研究长期存在分歧。有研究认为，旅游投资对旅游发展具有明显的积极影响。例如，奥莫索拉尔（Omotholar，2015）指出，旅游投资不仅可以促进旅游业自身发展，更能改善当地社区生活。旅游投资可以从社会、经济、文化、环境等多重维度促进社区及本地居民的生存发展与生活改善（UNWTO，2016；2017）。旅游投资对乡村经济和社会发展具有促进和推动作用（Mahony，Van Zyl，2002）。阿拉姆和帕拉马蒂（Alam，Paramati，2017）利用斐济、马尔代夫等10个旅游国家1995—2013年的面板数据，实证分析发现旅游投资对旅游增长具有显著的促进作用，旅游投资增长1%可以带来旅游业增长0.98%，此外，旅游投资还可以通过改善环境质量从而减少二氧化碳排放，即旅游投资提升了旅游业可持续发展能力。阿拉托和艾蒂安（Aratuo，Etienne，2019）实证研究发现增加投资能够显著促进旅游业收入增长。李涛（2018）梳理了中国乡村旅游投资发展的过程及其主体特征演化，认为资本投入是旅游产业发展、创新和升级的内在动力，投资收益、投资回报预期、投资主体风险承受能力是影响乡村旅游投资发展及变迁的核心因素。班纳吉、齐科维兹和科塔（Banerjee，Cicowiez，Cotta，2016）开发了一种在时间有限、数据稀缺且核心数据收集机会有限情况下对旅游投资进行评估的模型方法，并评估了伯利兹城从美洲开发银行获得的一笔1500万美元旅游投资贷款的经济效应，发现该笔投资到2040年能够带来GDP至少增长3%、失业率从12%降至10%。此外，由发展旅游业引致的旅游投资对旅游目的地的当地经济产生多种积极影响，例如，创造新的就业机会、改善基础设施、促进与旅游相关的价值链发展等（Tang, Abosedra, 2014；Tang, Tan, 2013；Apergis, Tang, 2013）。旅游投资对乡村经济和社会发展具有促进和推动作用（李涛, 2018；Mahony, VanZyl, 2002）。

也有研究发现，旅游投资会对旅游目的地带来一系列消极影响。例如，库尼亚（Cunha, 2010）通过比较巴西SONP国家森林公园中有旅游活动区域与无旅游活动区域每天的中大型哺乳动物和鸟类的种类和数量，发现有旅游活动的区域中大型哺乳动物和鸟类的种类和数量显著低于无旅游活动的区域。秦光远、程宝栋（2020）实证研究发现，森林公园进行保护性投资并不能带来旅游收入和旅游人次的显著增加，反而会导致旅游收入减少。麦克尼尔和沃兹尼亚克（MacNeill, Wozniak, 2018）借助自然实验衡量了邮轮旅游对当地社区经济、社会和环境的影响，虽然旅游投资在理论上具有明显的投资乘数效应，可以带来收入、就业及相关经济指标的增长，但是实验结果并不支持这一理论判断。克莱门茨和卡明（Clements, Cumming, 2018）研究发现，南非有近三分之一的私有土地保护区在投资发展生态旅游和狩猎经济时并没有实现盈利。不仅如此，旅游投资在推动旅游业迅速增长的同时也带来了许多负面影响（Azam et al., 2018；Mowforth, Munt, 2016；WTTC, 2015；2016），表现在：一是经济方面，例如，地区发展不平衡、收入不平等、原材料成本上升等；二是环境方面，例如，极端气候和恶劣天气增多、温室气体大量排放、水资源短缺及污染、能源过度消耗等。

还有研究发现，旅游投资对经济增长、环境的影响趋于复杂和不确定。例如，李（Lee）和婆罗门（Brahmasrene, 2013）基于欧盟成员国1988—2009年国别面板数据的研究发现，旅游业可以促进经济增长，却不利于二氧化碳减排。帕拉马蒂等（Paramati，2017）基于同样数据，将样本分为东欧国家和西欧国家，发现旅游投资可以促进经济增长，在西欧国家可以促进二氧化碳减排，而在东欧国家恰恰相反，这反映了发达国家与发展中国家旅游业发展对环境的影响具有异质性。帕拉马蒂、阿拉姆和陈（Paramati，Alam，Chen，2017）进一步发现，旅游投资在发达国家和发展中国家都可以促进经济增长，但是在二氧化碳减排方面，发达国家旅游投资的减排效果更明显，也即是发达国家旅游投资的环境友好属性更明显。但是，莱昂、阿拉纳和埃尔南德斯·阿莱曼（León，Arana，Hernández Alemán，2014）的研究却发现，旅游投资在发达国家和发展中国家都能促进二氧化碳减排，只是在发展中国家效果比较弱一些。究其原因，旅游投资导致二氧化碳减排主要是增加绿色旅游相关的基础设施和旅游活动的高效管理（Fayissa，Nsiah，Tadesse，2011；Lee，Brahmasrene，2013）。阿扎姆、阿拉姆和哈菲兹（Azam，Alam，Hafeez，2018）研究发现，旅游发展对环境的影响在国家间显著不同，其在马来西亚可以促进环境明显改善，而在泰国和新加坡则会导致环境恶化。

比较上述研究不难发现，开发性旅游投资可以显著促进旅游增长，在一定程度上还能促进经济、社会等多项指标有效提升，但同时也会带来一系列严重的环境与生态问题。究其原因，一方面，可能是保护性投资不足甚至缺位。高恩等（Gaughan et al.，2009）指出，柬埔寨自1993年国家政治稳定、国际投资恢复以来，以吴哥窟为核心的旅游区以开发性旅游投资为主，旅游业呈现爆炸式增长，对水资源、木材和生物质燃料的需求猛增，导致该地区森林面积减少23.4%，当地森林面积和蓄积快速下降，生态环境明显不如以前。另一方面，可能是保护性投资的规模大、种类多、可预期收益低、收益不确定性高。德·卡斯特罗·迪亚斯等（de Castro Dias et al.，2016）将热带雨林保护区的保护成本分为两类：一类是一次性建设成本，包括物质设施（步道、游客中心、办公区等）、设备（汽车、船只、通讯设备等）、规划及定界（管理规划、土地产权调查、边界确定等）；另一类是经常性管护成本，包括员工工资、运营成本（燃油、电力、服务及会议等）、基础设施及设备维护保养、优先项目（科学研究、旅游、环境教育等）。近年来，不少国家都在缩减对自然保护地的支持和投入（Watson et al.，2014），之前往往以削减预算额度为主要方式，而现在更多国家的政府则选择减少自然保护地保护的严格性，提高其对人类经济活动的开放程度，对有破坏性的人为开发活动的限制和约束在降低和减少（Mascia et al.，2014；Bernard et al.，2014）。

与一般意义上的投资对旅游发展的影响研究不同，以森林公园和森林旅游为对象的研究主要集中在对森林公园旅游效率、发展路径、旅游资源、旅游目的地等方面的分析（黄安胜等，2018；赵敏燕、陈鑫峰，2016；Hammitt et al.，2015；Mayer，2014；罗芬、保继刚，2013；Lundmark et al.，2010；黄秀娟等，2009；李巍等，2009；Shi et al.，2002）。黄安胜等（2018）基于2004—2015年中国大陆30个省份的森林公园统计数据估计了森林公园的技术效率和非效率，并使用Tobit模型估计影响技术非效率的因素。赵敏燕、陈鑫峰（2016）系统分析了中国森林公园的发展历程和管理轨迹，揭示了森林公园发展的时空规律及阶段性特征。迈尔（Mayer，2014）以德国巴伐利亚国家森林公园为例对其成本收益状况进行评估，发现大部分情况下森林公园发展旅游的净收益大于成本。伦德马克等（Lundmark et al.，2010）以瑞典的国家公园和自然保护地为例，讨论了旅游资源对旅游业和林业部门就业的影响，发现距离国家公园和自然保护地越近的地方并不一定吸纳越多的旅游业和林业部门就业，增加滑雪设施的投资会显著提高旅游业的就业而降低林业部门的就业。综合以上文献可以明显看出，投资对旅游业发展的影响是多方面的，且在影响方向上存在明显的分歧，同时已有研究很少对投资类型进行区分，忽视了不同目的投资的不同影响，很有必要进一步研究探讨。在以森林公园和森林旅游为对象的研究中，少有文献探讨投资对旅游发展的影响，但是，投资对旅游发展的重要影响不容忽视，从森林公园发展的视角，有必要进一步探究投资对其旅游发展的影响。

鲜有研究考虑旅游投资以及森林公园投资的异质性。秦光远、程宝栋（2020）从投资目的角度，将森林公园的投资区分为保护性投资和开发性投资，重点分析了保护性投资对森林公园旅游发展的影响。从投资来源角度，可以将投资分为国有投资、公园自筹资金和私人资本，那么，不同来源投资如何影响森林公园的旅游发展呢？尚未有研究回答这一问题。已有关于所有制形式、投资主体等的研究为本章研究奠定了扎实的基础。例如，周、陈和宋（Zhou，Chan，Song，2017）研究发现，引入社会私人资本对旅游目的地发展具有显著积极的影响。李任芷（2014）研究认为，以混合所有制深入推进国有旅游企业市场化进程有助于优化旅游业产业结构、培育国际品牌、提升旅游产业绩效等。张辉等（2016）实证发现，混合所有制改革通过降低社会政策性负担提升国有企业绩效，且垄断行业的改革效果好于竞争性行业。张祥建、郭丽虹、徐龙炳（2015）研究发现国有部门混合所有制改革明显提高了企业的投资效率。廖红伟、丁方（2016）实证发现，仅就经济绩效而言，产权多元化改革对国企经济效应有正向作用，相对于国有资本控股改革，民营资本控股改革的经济效应更好。非国有资本比例的连续上升虽然对运营效率没有显著影响，但对企业盈利能力和产出水平均有显著正向影响。陈林（2018）研究发现，在统计意义上，混合所有制改革不能显著提升自然垄断环节的企业全要素生产率，而相对于自然垄断环节，进行混合所有制改革后，竞争性环节的企业生产效率得到显著提升，体制改革的"政策红利"更大，因此，混合所有制改革应优先在竞争性环节开展。可见，不同类型投资引致的产权多元化可以提升资源配置效率。这些研究结论将对森林公园更好吸引多元化投资促进森林旅游发展提供新的启发。

第二节　关于基础设施对森林公园旅游发展影响的研究

　　从基础设施角度探究旅游发展影响的研究多聚焦于交通基础设施，即是交通基础设施对旅游发展的影响，概括起来主要存在三种观点。第一，交通基础设施能促进旅游发展。交通基础设施建设可以促进旅游目的地开发与游客数量增多（Kaul，1985）。迈克埃罗伊（McElroy，2006）对36个岛屿的旅游开发进行研究发现，交通基础设施对旅游地的发展具有重要促进。卡达鲁和塞塔纳（Khadaroo，Seetanah，2007）构建了国际旅游需求面板模型，以毛里求斯岛为例进行实证研究发现，交通设施对旅游地发展的促进作用显著。马西达和埃佐（Massidda，Etzo，2012）利用面板数据对意大利国内旅游需求的影响因素进行实证分析发现，交通因素对旅游需求的拉动作用显著。伊拉扎巴尔（Irazábal，2018）研究了哥斯达黎加雅克市的可持续旅游与社区发展的关系发现：在缺少相关基础设施情况下，自然旅游发展会带来社区和环境资源的破坏，而有规划的基础设施建设可以促进旅游发展和保护社区与环境。杨和黄（Yang，Wong，2012）收集了中国341个城市的数据，验证了公路密度和航班数量对中国城市旅游人次存在显著正向影响。采用定性分析或计量经济模型对亚太地区、新西兰、意大利、伊朗等世界多国研究发现，不同交通基础设施对旅游经济发展都有促进作用（Chew，1987；Prideaux，2000；Palhares，2003；Khadaroo，Seetanah，2008；Hosseini，Miri，Bstani，2015）。赵东喜（2008）基于面板数据实证发现，中国交通基础设施建设是提高省区国际旅游收入的关键，但地区间存在差异。张广海、赵金金（2015）发现在全域范围内，二级公路、民航航线、一级公路、高速公路、内河航道对我国区域旅游经济发展具有正向影响。张茜、赵鑫（2018）运用空间计量经济学研究发现，交通基础设施投资不仅能带动本地旅游发展，还存在跨区域正向溢出效应；相邻和周边地区交通基础设施对星级饭店、旅行社、旅游景区的影响不同，相邻地区交通基础设施对三个行业均存在显著的正向溢出效应，而周边地区交通基础设施仅对旅游景区存在正向溢出效应；交通基础设施的本地效应远大于跨区域的正向溢出效应。侯志强（2018）利用2001—2015年省级面板数据和空间计量模型，探讨了铁路、等级公路交通基础设施对区域旅游增长的影响，研究发现全国及东中西部地区旅游增长具有显著的空间依赖性；各类交通基础设施对区域旅游经济增长均存在显著的直接效应和空间溢出效应，且后者占总效应的3/4左右；不同地区、不同交通基础设施对区域旅游增长存在明显的空间差异。

第二，交通基础设施对旅游发展有负向影响。交通基础设施对区域旅游经济发展存在抑制作用（Prideaux，2005；Goeldner，Ritchie，2006）。侯志强（2018）研究发现，较高的交通基础设施发展速度或快速的区域旅游经济发展会使两者之间不协调，从而导致交通基础设施对区域旅游经济发展产生负向影响。左冰（2011）将交通通达水平分为高、一般、低三个层次，实证研究发现交通通达高水平组的区域旅游经济增长速度与可进入性存在显著负相关，低水平组也是如此。向艺、郑林、王成璋（2012）利用空间计量模型发现，考虑空间因素和不考虑空间因素，交通线路密度（高速公路和铁路）的增长对旅游经济增长都具有负面影响。毛润泽（2012）发现，交通基础设施对中国东部地区旅游经济发展有负影响，但是仅以公路里程为代理变量进行了验证。李如友、黄常州（2015）发现，中国交通基础设施水平处于高层次区制时，其对旅游经济发展存在显著负影响。

第三，交通基础设施对旅游经济发展影响不确定。赫瑟灵顿和坎贝尔（Hetherington，Campbell，2014）认为，基础设施既可能成为推动旅游发展的关键因素，也可能成为破坏旅游发展的不利因素。左冰

（2011）利用交通密度指数和便捷度综合测算出中国 31 个省域的交通通达度，利用线性回归发现交通通达度与旅游经济发展不存在显著相关。李如友、黄常州（2015）基于 1999—2012 年中国省际面板数据，利用汉森（Hansen）门槛回归模型，发现中国交通基础设施水平在中层次区制时对旅游发展未表现出显著影响。张广海、赵金金（2015）将交通基础设施分为铁路、高速公路、一级公路、二级公路、内河航道及民航，以 2012 年数据，构建空间计量模型，发现全域范围内，铁路基础设施对区域旅游经济发展作用不显著，此外，不同地区、不同类型交通基础设施对旅游发展的影响存在明显异质性。

从基础设施角度探究其对旅游发展影响的研究也涉及住宿等其他基础设施。夏普利（Sharpley，2000）研究发现旅游目的地住宿设施数量和质量是影响旅游的重要因素，事关本地旅游业发展的成功。杨和菲克（Yang，Fik，2014）利用空间计量模型发现，酒店设施是影响旅游发展的重要因素，此外还包括本地经济增长水平、本地经济活动、旅游资源禀赋等。除了道路交通基础设施外，供水设施及其他公共设施也会对旅游发展产生重要影响（Pollalis，2016）。金丁和萨斯米塔（Ginting，Sasmita，2018）以印度尼西亚某地质旅游地为对象，基于问卷调查方法研究了食宿设施、支持设施（厕所、停车场、卫生与安全设施、庇护所等）和旅游辅助设施（游客中心、信息中心、提示标识等）对当地旅游发展的影响，发现当地此三类设施比较匮乏，严重制约了当地的旅游发展。此外，由于互联网共享经济发展，越来越多的私人部门（主要是旅游目的地居民）介入旅游基础设施和服务供给，利用自身资源提供特色产品与服务，而餐饮、住宿、交通等基础设施与服务的可共享改变了传统旅游设施的供给模式，吸引旅游者的同时对传统旅游资源的供给带来了不小的挑战（Fernández et al.，2018；Tussyadiah，Sigala，2018）。

第三节　关于雾霾污染对森林公园旅游发展影响的研究

　　雾霾加剧了旅游者的负面风险感知，不可避免地会对其行为产生影响。程励等（2015）基于旅游目的地选择理论，从旅游者对雾霾的健康影响、交通影响、目的地形象的认知角度进行分析发现，城市居民对雾霾天气的危害有较高认知，雾霾天气对城市旅游目的地选择倾向产生了显著负影响。旅游者对雾霾引起的交通和健康安全感知最为强烈，其次是旅游心情、观光质量、游憩活动、食宿和购物（Zhang，Zhong，Xu，2015；Zhang et al.，2015），还包括环境风险感知（程德年等，2015）。李静等（2015）设计了旅游者雾霾风险感知量表，借助SEM模型验证了雾霾感知、风险感知和忠诚度之间的结构关系，结果发现：旅游者对雾霾旅游损害的感知主要体现在危害健康、破坏情绪、损害照片品质、降低景点吸引力和可游性等方面，雾霾风险感知会提升旅游风险感知整体水平，降低满意度。

　　雾霾作为一种空气污染形态，易被人们感知并对其行为产生实际影响，旅游者也不例外。辛普森和席格瓦（Simpson，Siguaw，2008）访谈了近八千名欧洲旅游者，结果发现，绝大多数受访者都承认空气污染使自己在旅行中感到烦躁不安。莫雷拉（Moreira，2008）研究认为旅游者对"隐性风险"的担忧程度高于"灾难性风险"，而空气污染恰被纳入"隐性风险"范畴。福克斯和赖歇尔（Fuchs，Reichel，2014）也证实了诸如空气污染的恶劣天气和自然灾情会显著提升游客的风险感知水平。张爱平、虞虎（2017）研究发现，雾霾带来的出游风险涉及四个维度，游客对身体风险、功能风险感知强度最高，游客特征对其感知风险具有重要影响。张晨等（2017）以美国和澳大利亚居民为调研对象，实证研究发现，空气质量已经成为中国作为旅游目的地形象的重要组成部分，雾霾天气作为潜在的海外游客来华旅游的主要风险因素，对中国旅游目的地形象造成了负面影响，且潜在海外游客对中国空气质量的感知和对雾霾的担心已经超越了历史、文化、自然等核心吸引物的吸引，成为阻碍来华意向的主要因素。总的来看，旅游者对雾霾污染以负面感知为主，将会在很大程度上影响其旅游意愿和行为。

不少研究均发现雾霾对中国入境游的影响以负面为主。刘嘉毅等（2018）利用省级面板数据实证发现，空气污染对中国入境游旅游发展有显著负影响，随着空气污染的加剧，对入境游的负面影响同步在增大，样本期内，空气污染程度每提升 1 个百分点，入境旅游发展程度随之下降 0.309 个百分点。阎友兵、张静（2016）研究发现，雾霾天气对我国入境游产生了显著的负影响，除了西藏、甘肃、青海、宁夏、新疆 5 个省区市外，雾霾天气对各省区市入境游客影响均显著为负，其中山西省的游客损失率最大，达到 74.48%，浙江省的游客损失量最大，达到 588 万人。谢佳慧等（2017）也得出类似结论，雾霾对入境旅游存在显著负影响，PM_{10}、二氧化硫、烟尘都会降低入境旅游规模，分地区看，东北地区负面影响最大，中部次之，西部基本无影响。高广阔、马利霞（2016）以京津冀地区为研究对象，实证研究发现，雾霾污染对入境客流量具有显著的负影响，而旅游资源丰度、星级饭店规模、旅行社数量均对入境游有显著正影响。但是，也有研究认为雾霾对入境游存在积极影响。张晨等（2017）提出，在空气质量没有明显好转的情况下，入境旅游人数又呈现强劲的复苏态势，这一变化使得雾霾天气与入境旅游的关系变得扑朔迷离。唐承财等（2016）总结发现雾霾对区域旅游业的影响以负面为主，可能存在少量正面影响，即促进了新型低碳旅游的发展。

雾霾污染还会显著降低旅游目的地吸引力，对旅游业发展产生消极影响。有研究指出，气候和天气会影响旅游者对目的地的选择，气候变量主要包括气温、降水、风速、湿度、空气质量、光照时间（Goh，

2012；Sabir et al.，2013）。马丁（Martin，2005）认为气候是旅游的支撑因素、资源因素、区位因素和吸引因素，气候则是以天气的形式被旅游者经历。戴等（Dayetal，2013）也明确指出，天气是旅游目的地的一个组成部分，影响着旅游目的地的需求、服务提供、形象和经济发展，是旅游目的地选择及旅游过程的重要影响因素。不仅如此，气候条件在主要作为旅游目的地吸引因素的同时，也是一个风险因素（Andrade，Alcoforado，Oliveira，2007），气候变化和大气污染业已成为旅游业的噩梦（Sajjad et al.，2014）。环境污染可以对旅游目的地形象产生很大影响（Zhang，Zhang，Xu，et al.，2015），而大气污染是近年来最受关注的环境问题之一，已经成为国民的"心肺之患"。萨贾德等（Sajjad et al.，2014）选取了南亚、中东和北非、撒哈拉以南非洲、东亚和太平洋地区的数据进行分析，气候变化和空气污染确实对旅游业产生显著的负面影响。也有研究发现，雾霾污染影响旅游者的决策过程，导致部分旅游者放弃旅行计划（Zhang，Zhang，Xu et al.，2015）。张馨芳（2015）通过问卷调查研究发现，91%的受访者认为雾霾对旅游交通有很大影响，89%的受访者认为雾霾严重影响了自然风景欣赏的质量，83%的受访者认为雾霾会严重影响目的地旅游形象。因此，可以判断，雾霾污染对旅游业发展的影响是负面的，减少了旅游者规模，降低了旅游目的地吸引力，尚未发现雾霾污染对旅游业发展的积极影响或中性影响。

以森林为代表的绿色植被在绿地生态系统中占有重要地位，具有重要的净化大气的功能，被誉为"天然的空气过滤器"。森林及绿地通过绿色植被降尘、吸尘，是减轻乃至消除雾霾的重要途径之一（韩晔、周忠学，2015；Zheng et al.，2019）。第一，绿色植被具有独特的生理功能及光合作用，依靠叶片的气孔吸收气体污染物（二氧化硫、氮氧化物、氟化物等），在体内通过氧化还原过程转化为无毒物质，或积累于某个器官内，或由根系排出体外；第二，叶面具有分泌杀菌素和黏液的功能，可以吸附颗粒物，达到滞尘作用；第三，植被可以降低风速进而迫使颗粒物沉降，达到降尘作用；第四，地表植被阻挡并抑制扬尘，达到减尘作用（殷杉、刘春江，2013）。卢等（Lu et al., 2018）发现，空气中PM$_{2.5}$浓度与林地、草地的面积规模呈负相关关系，与城市建设用地面积规模呈正相关关系。贺爽等（2016）以北京奥林匹克森林公园的绿地与周边道路为例，使用声量计、粉尘速测仪、PM$_{2.5}$，PM$_{10}$等污染物数据，研究发现绿地宽度对城市道路污染物浓度具有显著的负影响。韩晔、周忠学（2015）经过测算发现，西安市建成区绿地景观吸收雾霾的生态系统服务价值为2954.13万元，但不同绿地景观对吸收雾霾的贡献率显著不同，绿地景观斑块平均面积越大、破碎度越低，对大气污染物的净化功能越明显。因此，以森林公园为依托的森林旅游可以借助其高质量、大规模的森林资源，为旅游者在雾霾天气提供低霾、少霾的旅游体验。

第四节　关于森林公园经营和旅游效率的研究

从经营和旅游发展的视角对森林公园开展的研究呈现蓬勃发展的态势，梳理既有研究，主要包括以下几个方面。从森林公园利益相关者角度分析森林旅游者、旅游资源、旅游载体等（Hammitt et al., 2015；Lundmark et al., 2010；Shi et al., 2002），从规划设计角度分析国家森林公园区划、规划与评价（黄秀娟等，2009；胡春姿、俞晖，2007），从历史角度分析森林公园发展轨迹与演变历程（赵敏燕、陈鑫峰，2016；罗芬、保继刚，2013；李世东、陈鑫峰，2007），从效率角度分析发展效率与发展预测（丁振民、黄秀娟，2016；修新田、陈秋华，2016；Mayer，2014；黄秀娟，2014；方琰、卞显红，2014；黄秀娟、黄福才，2011）等方面。显然，对森林公园效率的关注正在成为研究热点，已有研究为本章提供了丰富的基础和深刻的启发。然而，森林公园效率问题作为一个研究热点有待进一步拓展和深入研究。

梳理既有文献，给我们很多启发，也为森林公园效率问题分析提供了丰富的基础，概括起来大致可分两类：一是直接测算森林公园效率，例如，黄秀娟（2014）使用 DEA 方法利用 2008—2013 年数据，测算了福建省 2008 年年底已建成国家级森林公园的效率、纯技术效率和规模效率，结果发现 40% 有效率，纯技术有效的公园占比达到 60%，规模有效占比为 40%。黄秀娟（2011）使用 DEA 方法分析了我国大陆 31 个地区的森林公园发展的技术效率、纯技术效率和规模效率，同时利用 Malmquist 指数对全要素生产率变动进行分解分析，发现森林公园效率存在显著的地区差异，东中西部地区森林公园效率依次下降。黄秀娟、黄福才（2011）使用 DEA 模型利用 2003—2008 年数据，对 31 个省、自治区、直辖市的森林公园发展效率进行测算，比较了不同省、自治区、直辖市的技术效率、纯技术效率和规模效率。

此外，需要说明的是，关于旅游效率的不少文献聚焦于评价酒店的经济效率或绩效（Ashrafi et al.，2013；Corne，2015；Oliveira et al.，2013）、森林公园旅游发展及其效率（秦光远、程宝栋，2017，2020；丁振民、黄秀娟，2016；修新田、陈秋华，2016），也有研究从经济、营销和管理的视角探讨旅行社（Fuentes，2011；Köksal，Aksu，2007）、景区（Ma，Bao，2009；Ma et al.，2009）、旅游目的地（Assaf，Tsionas，2015；Ma，Jin，2015）、旅游产业（Assaf，2012）以及出入境旅游（Alberca-Oliver et al.，2015）的发展及效率问题。例如，赛纳吉、菲利普斯和扎瓦罗内（Sainaghi，Phillips，Zavarrone，2017）基于旅游业和酒店业相关研究成果，利用元分析方法对旅游企业的效率进行了分析，发现旅游效率相关研究主要使用数据包络分析方法（Cooper，Seiford，Tone，2000）、随机前沿方法（Greene，2008）等。旅游效率评价模型的广泛应用推动了学术界将注意力从传统的效率模型转移到与战略相关的指标研究上（Al-Najjar，2014；Bordean，Borsa，2014；

Chen, 2014；Tsionas, Assaf, 2014；Oliveira et al., 2013；Wu, Shou, Tsai, 2012；Perrigot, Cliquet, Piot‐Lepetit, 2009；Shang et al., 2008）。乌基勒、尚努夫和扎伊迪（Oukil, Channouf, Al‐Zaidi, 2016）通过两阶段数据包络分析方法评估了阿曼苏丹的酒店业经营绩效。陈（Chen, 2014）使用重要性绩效分析法来评估温泉酒店的经营绩效，并强调竞争绩效应该是评估服务绩效的重要指标。此外，数据包络分析方法还广泛应用于评价罗马尼亚（Bordean, Borsa, 2014）、中国台湾（Shang et al., 2008；Wu, Shou, Tsai, 2012）、法国（Perrigot, Cliquet, Piot‐Lepetit, 2009）等国家和地区的旅游业发展效率。

实际上，测度旅游效率的研究基本上都是采用 DEA 模型，森林公园也不例外。例如，方叶林等（2019）利用 2000—2016 年省际数据，引入碳排放测度方法，将非期望产出纳入星级饭店经营效率的测度之中，分析效率变化的时空特征。秦光远和程宝栋（2017）基于三阶段 DEA 模型测算了 2010—2015 年中国省际森林公园的经营效率，发现我国森林公园经营效率呈现 S 形变动趋势，2013 年达到峰值，不同地区森林公园的经营效率存在明显异质性。博塞蒂和洛卡特利（Bosetti, Locatelli, 2006）以公园经营成本和面积为投入变量，旅游人数、公园职工人数、商业点数、生物种类数为产出变量，利用 DEA 方法测算比较了意大利 17 个国家公园资源旅游利用的效率。马罗库和帕西（Marrocu, Paci, 2011）以区域所接待的游客数为产出变量，区域可进入性、人力资本、社会资本、技术资本为投入变量，测算比较了欧洲不同森林旅游区的旅游效率。富恩特斯、冈萨雷斯和莫里尼（Fuentes, González, Morini, 2012）以旅游收入为产出变量，酒店床位数、就业人数、沙滩个数、平均气温和沙滩长度为投入变量，测算了西班牙和葡萄牙海滩型旅游目的地的旅游效率。

二是在测算效率基础上增加效率影响因素的分析，例如，丁振民、黄秀娟（2016）借助 DEA 方法对 2008—2014 年中国大陆 31 个省份的森林公园旅游效率进行测算，并使用 Tobit 模型深入探讨资本投入结构和规模对森林公园旅游效率的影响，发现资本结构对中国森林公园旅游效率具有非线性倒 U 形影响。修新田、陈秋华（2016）利用 DEA-Tobit 模型对全国 305 家国家级森林公园 2014 年的发展效率进行测算并对其影响因素进行分析。王兆峰、赵松松（2019）基于 DEA-Malmquist 指数二次分解模型和变系数固定效应回归模型，测度了 2001—2016 年湖南省旅游产业效率的时空动态及其影响因素。

　　分析既有关于森林公园效率研究文献，可能有三个方面值得改进：第一，对于直接测度森林公园效率，均采用 DEA（数据包络分析）模型，选择相关的投入产出指标，不论是产出导向模型还是投入导向模型，计算出决策单元的相对效率值，包括技术效率、纯技术效率、规模效率，问题在于效率测度准确吗？由于没考虑环境因素和随机因素对效率的干扰，大量研究已经指出了直接测度效率并不准确（崔宝玉等，2016；刘自敏等，2014；罗登跃，2012）。第二，对于效率影响因素的分析，在第一类问题存在的同时，又出现了新的问题，即是使用某些因素计算效率值的同时将其放入影响因素模型分析，此种做法明显会带来内生性问题，必然影响结果的准确性。第三，既有探讨旅游效率的研究文献大都采用 DEA 模型进行效率测度，罕见使用 SFA（随机前沿分析）模型进行效率测度。说明了 DEA 模型的广泛适用性和测度便捷性，不少研究仅使用最基本的投入导向或产出导向的 DEA 模型，也有不少研究使用改进的径向 DEA 模型、非径向 DEA 模型、窗口 DEA 模型、网络 DEA 模型、两阶段 DEA 模型、三阶段 DEA 模型，以及考虑非期望产出的环境 DEA 模型等。实际上，不论是哪一种 DEA 模型，要求所有决策单元的可比性、相似性是其基本要求。在极端值处理方面或者决策单元差异比较大时，DEA 模型的效率非常低，同时会极大地影响效率估计结果的准确性。对于这些不足，SFA 模型可以在一定程度上弥补这些缺陷，得到相对准确的效率估计结果。但是，该方法由于使用随机前沿计量经济模型进行估计，每个方程只能使用一个产出变量作为因变量，而不像 DEA 模型可以允许同时设定多个产出变量。此外，采用 SFA 模型进行估计的方法要比 DEA 模型复杂得多。

第二章 保护性投资对森林公园旅游发展的影响分析

改革开放以来，中国实现了从旅游短缺型国家到旅游大国的历史性跨越。2000 年以前，年度国内旅游收入从未超过 5000 亿元；2009 年以前，国内旅游收入从未超过 1 万亿元；而 2010—2017 年，国内旅游收入从 1.26 万亿元增长到 5.4 万亿元，国内旅游人数从 21.03 亿人次增长到 50.01 亿人次，年均增长率分别为 23.13%、13.12%。① 旅游业的快速发展使其近年来全面融入国家战略体系，走向国民经济建设的前沿，成为国民经济战略性支柱产业。在旅游业高速增长成为国民经济战略性支柱产业的过程中，森林旅游方兴未艾，呈现出蓬勃的发展态势。

当前，在环境污染形势较为严峻的情况下，森林公园能以其独特的自然资源优势给消费者一种清新、健康的生活体验而广受旅游者青睐。根据国家森林公园管理办公室的统计，2010—2017 年，中国森林公园实现旅游总收入从 294.94 亿元增长到 878.50 亿元，接待游客规模从 3.96 亿人次增长到 9.62 亿人次，年均增长率分别达到 16.88%、13.52%。② 同

---

① 数据来源：国家旅游局：《2010 年中国旅游业统计公报》，中华人民共和国文化和旅游部官网，2012 年 8 月 7 日；国家旅游局：《2017 年全年旅游市场及综合贡献数据报告》，中华人民共和国文化和旅游部官网，2018 年 2 月 6 日。

② 数据来源：《2010 年度森林公园建设经营情况统计表》，《2017 年度森林公园建设经营情况统计表》，中华人民共和国国家林业和草原局国有林场和种苗管理司，2019 年 10 月 30 日。

期，中国森林公园总数量从 2583 处增加到 3505 处，占地面积从 1677.58 万公顷增加到 2028.19 万公顷。其中，国家级森林公园数量从 747 处增加到 882 处，占地面积从 1177.66 万公顷增加到 1441.05 万公顷；省级森林公园数量从 1150 处增加到 1447 处，占地面积从 397.14 万公顷增加到 448.14 万公顷；县级森林公园数量从 686 处增加到 1176 处，占地面积从 102.78 万公顷增加到 139.00 万公顷。[①] 森林公园数量与质量的同步增长有力地支撑和保障了森林旅游的发展。

发展旅游离不开资本支持。资本投入是旅游产业发展、创新和升级的内在动力（李涛，2018）。旅游投资不仅可以促进旅游业自身发展，更能改善当地社区生活（Omotholar，2016）。而在中国，长期以来旅游业发展主要是依靠投资驱动，且对投资的依赖程度日益增加（唐晓云等，2007）。根据全国旅游投资项目库统计，2012 年全国旅游业实际完成投资额为 406 亿元，超过了 2006 年至 2010 年 5 年的投资总和，且在此后逐年递增，2016 年全国旅游业实际完成投资 12997 亿元，年均增速达到 26.17%[②]。

一般来看，旅游投资按其功能属性可分为两类：一类是开发性投资，主要是为了开发各种旅游资源，包括旅游基础设施投资、大型综合旅游项目（旅游地产）、自然与人文景区、宾馆饭店公园、古村落民宿等；另一类是保护性投资，主要是为了保护各种旅游资源、保障旅游可持续发展，包括维护、修缮各类旅游资源，预防保护性设施建设，以及环境治理、生态修复或恢复等。森林公园不同于自然保护区，既要承担生态保护，又要服务社会公众，如发展旅游等。从保护的角度看，虽然生态保护对森林公园可持续发展至关重要，但是并不意味着要将生态资

---

① 数据来源：《2010 年度森林公园建设经营情况统计表》，《2017 年度森林公园建设经营情况统计表》，中华人民共和国国家林业和草原局国有林场和种苗管理司，2019 年 10 月 30 日。

② 数据来源：《2016 年全国旅游业投资报告》，中华人民共和国文化和旅游部官网，2017 年 5 月 19 日。

源封闭隔绝起来才能保护。事实上，在森林公园建园开园之初，针对不同类型的生态资源采取有差异的保护措施，已经体现在森林公园的开发建设过程中。对于进入公园的旅游者能够接触的生态资源，一般具有较强的承载力。随着绿色旅游、文明旅游的兴起，旅游者对森林公园各类资源的过度或破坏性使用已经大量减少，这极大减轻了森林公园的生态保护压力。

从服务社会的角度看，森林公园通过开放区域向社会提供旅游、游憩、休闲、科研等活动，但是旅游者往往对限制开放或未开放区域有更强烈的兴趣。通过保护性投资对森林公园部分资源和景观实施保护或修复，一方面，增加了森林公园的神秘感而可能吸引更多游客；另一方面，也可能导致游客无法欣赏森林公园的稀有资源和景观而降低其旅游兴趣或减少其游览时间及消费。那么，森林公园保护性投资是否能够促进旅游增长？森林公园保护性投资对旅游收入和旅游人次的影响有何差异？这种影响在不同等级、不同地区的森林公园之间是否具有异质性？对这些问题的回答有助于明确保护性投资与森林旅游发展的关系，既可丰富投资类型、旅游发展、森林公园这三类研究主题的交叉研究，又可为大力发展森林旅游、找准旅游高速发展抓手提供有益参考。

第一节　保护性投资影响森林旅游的研究假说

从理论上讲，投资对旅游发展的影响具有多重性。投资既能带来旅游收入和旅游人次的增长，也可能给环境和生态带来破坏，森林公园也不例外。一般认为，森林公园至少提供保护和利用两种职能，前者指保护森林资源和生态环境，后者是提供以旅游、游憩、休闲、科研等为代表的多种社会服务，两种职能互为依托、相互影响。不论是保护还是利用，都需要资本投入，包括开发性投资和保护性投资。从森林公园投资的实际情况来看，开发性投资主要用于基础设施建设以及旅游设施建设，对旅游发展的积极影响已形成共识，不在本章的讨论范畴之内。保护性投资不仅包括对需要保护的森林资源、景观设施、重点区域等实施保护所需要的投资，还包括对受到破坏或损毁的森林资源、景观设施等进行修复的投资。由此可以看出，保护性投资的功能可以概括为两个方面：一方面，保护森林公园内部的资源，通过保护设施和措施的实施，为珍稀资源或脆弱资源提供了保护网或防护带，从而为旅游者欣赏、游览等提供条件。从这个意义上看，保护性投资可以促进旅游发展。另一方面，修复公园内部受损坏或存在风险的林木资源、景观资源等，在此情况下，修复区域无法继续向游客开放，将会直接影响旅游者对这些区域资源的游览机会和兴致。从这个意义上看，保护性投资又会阻碍旅游发展。

进一步分析，保护性投资的落地实施必须要考虑时间维度的因素。一是在进行保护性投资当期，不论是为了保护森林公园优质资源所实施的保护网或防护带，还是为了修复公园内受损或存在风险的林木或景观资源，在投资落地的过程中，出于施工安全的考虑，无法向旅游者继续开放这些区域，故此对旅游收入和旅游人次的影响可能都是消极的。二是在保护性投资的滞后期，由于保护性措施的保护，可以为旅游者提供安全的游览体验，会带来旅游人次和旅游收入的增长。即便没有大型的保护项目或修复工程实施，也有临时性的、小型的保护或修复活动，这在一定程度上还会对旅游收入和旅游人次增长产生负面影响。此外，由于中国地域广阔，东西部之间以及南北方之间的地域环境、气候条件、森林景观等差异巨大，森林公园在不同等级之间存在差异，保护性投资的规模、形式和方法都可能存在明显差异，进而对旅游发展所产生的影响可能也不尽相同。基于以上分析，本章提出两个假说。

假说 1：森林公园当期保护性投资对旅游收入和旅游人次具有消极影响。

假说 2：森林公园的保护性投资对旅游收入和旅游人次的影响在不同等级、不同地区的森林公园之间具有异质性。

第二节 保护性投资影响森林公园旅游发展的特征分析

本章使用森林公园数据及其所在城市数据进行研究分析：前者包括森林公园的旅游收入、旅游人次、保护性投资额、职工人数、导游人数等指标，来源于国家林业和草原局森林公园管理办公室[①]；后者包括地级及以上城市的人口、劳动力及土地资源、综合经济、工业、交通运输等指标，来源于《中国城市统计年鉴》[②]。依据森林公园所在城市，本章将森林公园数据与城市统计年鉴数据匹配，以此构造面板数据。

截至 2017 年年底，中国内地共有 3392 家森林公园，包括国家级 828 家、省级 1457 家、县级 1107 家。其中，国家级森林公园是各类森林公园中的最高等级，森林景观特别优美，人文景物比较集中，观赏、科学、文化价值高，地理位置特殊，具有一定的区域代表性，旅游服务设施齐全，有较高的知名度，是可供人们游览、休息或进行科学、文化、教育活动的场所，并由原国家林业局作出准予设立的行政许可决定[③]。由于森林公园新建和升级，本研究使用的面板数据为非平衡面板。部分森林公园存在停业整顿、改建或扩建、闭园维修、未开园、基础设施整修等情况造成无法开展旅游活动，因此无法收集到这部分森林

---

① 森林公园层面数据包括全部国家级森林公园和省级森林公园，以及有上报数据的部分县级森林公园，由于部分森林公园存在修缮、改扩建、闭园等情况暂时没有向公众开园，旅游相关数据没有纳入统计，此类公园由于数据缺失问题没有进入计量分析的样本。

② 国家统计局城市社会经济调查司（编）：《中国城市统计年鉴》，2011—2017 年历年，中国统计出版社。

③ 资料来源：国家林业和草原局：《公告：国家林业局第 42 号令》，国家林业和草原局政府网，2016 年 11 月 3 日。

公园与旅游相关的数据。此外，部分森林公园所在地级市（自治州）没有纳入《中国城市统计年鉴》的统计，在数据匹配过程中也会造成样本损失。本章的样本分布情况如表2-1所示。

表2-1　样本特征分布情况

类型	2010 年		2013 年		2016 年	
	数量（个）	占比（%）	数量（个）	占比（%）	数量（个）	占比（%）
国家级	674	57.66	731	41.30	774	41.00
省级	466	39.86	961	54.29	1043	55.24
县级	29	2.48	78	4.41	71	3.76
总数	1169	100	1770	100	1888	100

资料来源：根据国家林业和草原局国有林场和种苗管理司森林公园管理办公室提供数据整理得出。

此外，需要说明的是，中国森林公园旅游发展在不同等级、不同地区[1]之间存在明显的异质性，如图2-1、图2-2、图2-3和图2-4所示。从森林公园等级看，不论是旅游收入，还是旅游人数，国家级森林公园都占据绝对优势。2010年，国家级森林公园旅游收入均值为3112.6万元，旅游人数均值达到32.1万人次；省级森林公园分别只有525.5万元和15.5万人次；县级森林公园分别只有625.1万元和17.9万人次。2016年，国家级森林公园旅游收入均值达到7482.7万元，旅游人数均值达到62.7万人次；省级森林公园分别只有1472.7万元和22.9万人次；县级森林公园分别只有829.2万元和15.2万人次。

从地区角度看，森林公园的旅游收入均值和旅游人数均值在地区之间的差异要弱于国家级和省级、县级森林公园之间的差异。2010年，东部地区的森林公园旅游收入均值和旅游人数均值分别为2960.3万元和34.1万人次；中部地区的森林公园则分别只有1729.1万元和18.3万人

---

① 本节对东中西部地区的划分标准为：东部11省份（北京、天津、河北、辽宁、上海、江苏、浙江、福建、山东、广东、海南）；中部8省份（山西、吉林、黑龙江、安徽、江西、河南、湖北、湖南）；西部12省份（四川、重庆、贵州、云南、西藏、陕西、甘肃、青海、宁夏、新疆、广西、内蒙古）。

次；西部地区的森林公园则分别只有 1403.5 万元和 24.3 万人次。2016
年，东部地区的森林公园旅游收入均值和旅游人数均值分别达到 5107.4
万元和 45.2 万人次；中部地区森林公园则分别达到 3358.3 万元和 34.4
万人次；西部地区的森林公园则分别达到 3175.9 万元和 37.3 万人次。

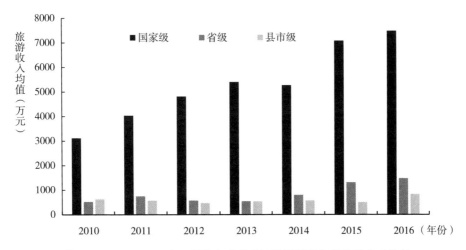

图 2-1 2010—2016 年不同等级森林公园的旅游收入均值的变动趋势

资料来源：根据国家林业和草原局国有林场和种苗管理司森林公园管理办公室提供数据整理得出。

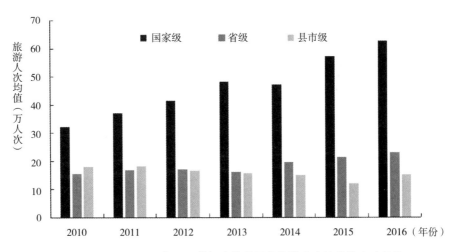

图 2-2 2010—2016 年不同等级森林公园的旅游人次均值的变动趋势

资料来源：根据国家林业和草原局国有林场和种苗管理司森林公园管理办公室提供数据整理得出。

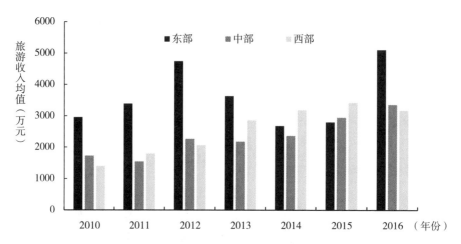

图 2-3　2010—2016 年不同地区森林公园的旅游收入均值的变动趋势

资料来源：根据国家林业和草原局国有林场和种苗管理司森林公园管理办公室提供数据整理得出。

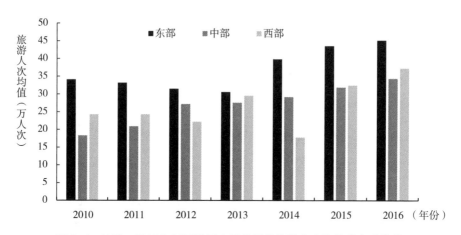

图 2-4　2010—2016 年不同地区森林公园的旅游人次均值的变动趋势

资料来源：根据国家林业和草原局国有林场和种苗管理司森林公园管理办公室提供数据整理得出。

第三节　保护性投资影响森林公园旅游
发展的模型设定

一、模型设定

本章依托 2010—2016 年跨度为 7 年的中国森林公园数据及森林公园所在城市数据来实证研究保护性投资对森林公园旅游发展的影响。为分析保护性投资对森林旅游的影响，本章设定如下基准回归模型：

$$Y^k_{it} = \alpha_0 + \alpha PI_{it} + \sum \beta_j Control_{jit} + \mu_i + \varphi_t + \varepsilon_{it} \qquad （2-1）$$

式（2-1）中，被解释变量 Y^k_{it} 表示森林公园 i 在 t 年的旅游情况：$k=1$，表示使用年度旅游收入度量；$k=2$，表示使用旅游人数度量。PI_{it} 表示森林公园 i 在 t 年的保护性投资额度。$Control_{jit}$ 表示控制变量。μ_i、φ_t 分别表示森林公园个体、时间维度的固定效应，ε_{it} 表示随机扰动项。系数 α 测度了保护性投资对森林旅游的影响，是本章关注的核心参数。

二、变量选取

（一）被解释变量

本章选取森林公园旅游收入（以 2010 年为不变价）和旅游人次作为被解释变量，反映森林公园旅游发展状况。旅游收入是森林公园通过旅游活动获得的收入总和，包括门票收入、食宿收入、娱乐收入等，从收入角度反映了森林公园的旅游发展情况。由于收入结构的多元化，旅游收入较高的森林公园并不一定拥有较高的客流量，旅游收入和旅游人次从两个维度分别反映了森林公园的旅游发展情况。因此，本章选择此二指标作为被解释变量进行分析。

（二）核心解释变量

本章核心解释变量是保护性投资，使用森林公园年度环境保护投资额表示。环境保护投资的核心目标有两个：一是保护生态环境，二是保障旅游可持续发展。良好的生态环境是森林公园存在和发展的根本条件，向社会供给优质的旅游产品和服务是森林公园发展的重要职能。

对森林公园而言，其核心景观对森林动植物资源依赖性强。不少森林公园的核心景观是原始森林、天然林或高质量的人工林，而这些资源的承载力一般都有一定的限度。游客进入公园，会通过多种形式的活动（乘车船、就餐、住宿等）产生垃圾，也有部分游客存在乱折滥采、践踏植被等不文明旅游行为，而过量游客会导致森林生态承载力的下降乃至崩溃，对森林公园可持续经营带来严峻挑战。为此，森林公园会采取保护性措施，比如及时清理游客留下的垃圾以及植树造林、改造林相等。

（三）控制变量

考虑到除保护性投资外，森林公园自身的资源和禀赋条件以及所在城市的规模、经济发展水平、产业结构、公共交通、工资水平均会对森林公园旅游产生较大影响，故本章设置相应变量加以控制。对于森林公园自身的资源和禀赋条件，使用职工总数、导游总数、车船总数、游道总里程、床位总数、餐位总数、公园级别、建园时间、公园面积等进行刻画。其中，对于建园时间和公园面积指标，只有国家级森林公园能从国家森林公园管理办公室提供的数据中查到，省级和县级森林公园只能通过网站搜索进行查询，仅有少部分森林公园能查到相对准确的建园时间和面积，因此这两个指标的数据缺失较为严重。对于城市规模变量，选择各个城市的人口数量作为替代变量。对于经济发展水平，选取各城市人均地区生产总值作为指标来刻画，并以 2010 年为基期进行不变价调整。对于产业结构，使用二三产业增加值占地区生产总值的比重作为主要衡量指标。对于公共交通变量，使用年末实有出租车总量、每万人拥有公共汽车数量两个指标来刻画。对于工资水平变量，使用在职职工年平均工资来衡量。表 2-2 给出了本章主要变量的描述性统计结果。

表2-2　变量描述性统计表

变量类型	变量名称	变量定义或单位	均值	标准差
被解释变量	旅游收入	森林公园旅游总收入（万元）	2938.5	24303.4
	旅游人次	森林公园旅游总人次（万人）	31.7	80.3
解释变量	保护性投资	森林公园环境保护投资总额（万元）	244.1	1097.7
控制变量	职工人数	森林公园正式职工人数（人）	85.6	231.1
	导游人数	森林公园正式导游人数（人）	8.9	29.4
	车船总数	森林公园所有旅游车、游船总数（辆或艘）	18.2	92.7
	游道长度	森林公园建成游道、步道总里程（公里）	37.3	69.1
	床位总数	森林公园内可住宿床位数量（个）	462.4	1986.8
	餐位总数	森林公园固定就餐的餐位数量（位）	834.3	3143.1
	公园级别	森林公园等级（国家级、省级、市县级）	1.6	0.6
	建园历史	森林公园批准设立的时间	14.9	6.9
	公园面积	森林公园占地总面积（公顷）	10108.2	29889.7
	人口规模	全市人口规模（万人）	341.3	305.3
	人均GDP	全市人均地区生产总值（万元）	46994.0	29349.3
	二产占比	全市二产增加值占全部产业增加值的比重（%）	47.9	10.9
	三产占比	全市三产增加值占全部产业增加值的比重（%）	46.0	11.0
	工资水平	全市在岗职工年平均工资（元）	46847.5	17056.5
	出租车	市辖区年末实有运营出租车总量（辆）	4625.1	9405.4
	公共汽车	市辖区每万人拥有公共汽车数量（辆）	7.0	7.3

资料来源：根据国家林业和草原局国有林场和种苗管理司森林公园管理办公室提供数据整理得出。

三、内生性及工具变量

探讨保护性投资对森林公园旅游的影响，内生性问题无法回避。一方面，保护性投资可以通过改善公园的生态环境、提供干净美化的环境而吸引更多游客，促进旅游增长。另一方面，旅游增长会带来森林公园旅游收入增加，使得公园更有实力、也更有动力去改善和美化生态环境，从而保障森林公园在发展旅游方面的可持续性，这反过来也会促使森林公园增加保护性投资。因此，寻找恰当的工具变量是缓解前述内生性问题行之有效的方法。工具变量需要满足两个基本条件：一是与内生变量（保护性投资）高度相关，二是不直接影响被解释变量。基于这一认识，充分考虑保护性投资的特点，本章选择植树造林面积（ $IV1$ ）和改造林相面积（ $IV2$ ）作为保护性投资的两个工具变量。具体来看，一方面，不论植树造林还是改造林相，都是森林公园开展绿化和美化的重要内容，体现了森林公园对其森林资源的保护或更新性改造，与保护性投资密切相关，满足有效工具变量的相关性假定。另一方面，植树造林和改造林相更多的是从生态学视角考虑，从结构、景观、色彩、林龄等多个维度对森林林分进行优化和美化，然而在公园内部大幅改变现有景观和林分比较困难，主要是细微修缮，短期难见成效，基本不会影响旅游增长，这满足了有效工具变量的外生性假定。

基于此，将森林公园的植树造林和改造林相的面积作为工具变量，更为准确地考察保护性投资对森林公园旅游的影响。本章两阶段最小二乘回归（2SLS）设定如下：

$$PI_{it} = \beta_0 + \beta_1 IV1_{it} + \beta_2 IV2_{it} + \beta_3 Control_{it} + \mu_i + \varphi_t + \xi_{it} \quad (2\text{-}2)$$

$$Y^k_{it} = \gamma_0 + \gamma_1 PI_{it} + \gamma_2 Control_{it} + \mu_i + \varphi_t + \zeta_{it} \quad (2\text{-}3)$$

式（2-2）中， PI_{it} 是森林公园 i 在 t 年的保护性投资额， $IV1_{it}$ 和 $IV2_{it}$ 代表森林公园 i 在 t 年的植树造林和改造林相的面积，在 2SLS 模型中作为保护性投资的工具变量。控制变量与基准模型一致，不再赘述。

第四节　保护性投资对森林公园旅游发展的
实证分析

一、基准回归结果

为了考察保护性投资对森林公园旅游收入和旅游人次的影响，本章使用STATA15软件对式（2-1）基准模型进行回归，回归结果如表2-3所示。

回归1和回归4仅将保护性投资作为自变量进行回归。结果显示，保护性投资对旅游收入和旅游人次均有显著的负向影响，对旅游收入的影响在1%的显著性水平下显著，其系数为-1.99，而对旅游人次的影响在10%的显著性水平下显著，其系数为-0.68E-3。森林公园发展旅游，既与自身的资源条件和旅游设施紧密关联，又与所在城市的经济发展水平、人口规模、公共交通等密切相关。因此，本章将控制变量纳入回归2和回归5进行估计。回归结果显示，保护性投资对旅游收入和旅游人次的影响同样显著，且系数出现了明显变化，这说明增加控制变量的必要性。

回归2和回归5考虑了建园历史、公园面积两个变量，但是对于此二变量，仅国家级森林公园的信息全部可以查到，大部分的省级和县级森林公园无法查到准确的信息，导致样本大量损失，仅剩下6762个样本，直接导致样本的选择偏差。基于此，回归3和回归6将建园历史、公园面积变量剔除，保留更多样本，覆盖国家级、省级和县级森林公园。估计结果显示，保护性投资对森林公园旅游收入和旅游人次的影响方向和显著性水平基本没有变化，保护性投资对旅游收入和旅游人次有显著的负向影响。故本章以回归3和回归6的估计结果为基准结果。

表2-3　保护性投资对森林公园旅游收入和旅游人次影响的回归结果

变量名称	因变量：旅游收入			因变量：旅游人次		
	回归1	回归2	回归3	回归4	回归5	回归6
保护性投资	-1.99***	-2.93***	-1.97***	-0.68E-3*	-1.21E-3**	-0.79E-3*
	(-16.26)	(-18.18)	(-16.11)	(-1.74)	(-2.39)	(-1.94)
职工人数	—	15.75***	18.83***	—	0.05***	0.05***
	—	(11.91)	(17.53)	—	(12.34)	(15.23)
导游人数	—	230.30***	204.12***	—	0.16***	0.14***
	—	(27.73)	(27.92)	—	(6.01)	(5.76)
车船总数	—	1.81	1.16	—	-3.95E-3	-4.05E-3
	—	(0.77)	(0.68)	—	(-0.53)	(-0.71)
游道长度	—	27.49***	21.51***	—	0.10***	0.13***
	—	(5.57)	(5.15)	—	(6.19)	(9.48)
床位总数	—	0.79***	1.07***	—	1.29E-3**	0.36E-2***
	—	(4.05)	(6.24)	—	(2.10)	(6.26)
餐位总数	—	0.32***	0.14**	—	0.20E-2***	0.12E-2***
	—	(4.69)	(2.33)	—	(9.15)	(6.24)
人口规模	—	1.25***	1.13***	—	0.01***	0.01**
	—	(3.36)	(4.47)	—	(3.26)	(2.14)
人均GDP	—	0.02*	0.02**	—	1.58E-5	1.03E-5
	—	(1.69)	(1.98)	—	(0.40)	(0.30)
二产占比	—	49.09	-6.15	—	0.77**	0.35
	—	(0.44)	(-0.09)	—	(2.19)	(1.49)
三产占比	—	141.81	14.00	—	0.96**	0.09
	—	(1.00)	(0.17)	—	(2.15)	(0.31)
工资水平	—	0.83E-2***	0.71E-2***	—	0.01E-2***	0.03E-3**
	—	(4.65)	(3.69)	—	(4.64)	(2.08)
出租车	—	-0.09	-0.06	—	0.13E-3	0.31E-3*
	—	(-1.07)	(-1.09)	—	(0.47)	(1.69)
公共汽车	—	-15.07	-17.48	—	0.012	0.02
	—	(-0.61)	(-0.79)	—	(0.15)	(0.22)
建园历史	—	3.17***	—	—	0.14***	—
	—	(5.11)	—	—	(4.13)	—
公园面积	—	-0.04	—	—	-5.38E-4	—
	—	(-0.03)	—	—	(-0.14)	—
常数项	1563.53***	-11385.01**	-3583.24***	19.47***	-68.22***	-18.14**
	(4.99)	(-2.13)	(-3.57)	(19.61)	(-3.39)	(-2.08)
观测值	10509	6762	10509	10509	6762	10509
R^2	0.03	0.30	0.34	0.11E-2	0.24	0.28

注：（1）***、**、*分别表示在1%、5%、10%的显著性水平下显著；（2）括号内的数字为t检验
　　值；（3）个体固定效应和时间固定效应的估计结果略。
资料来源：作者计算整理而得。

根据回归 3 和回归 6 的结果显示，保护性投资显著降低了森林公园的旅游收入和旅游人次，其系数分别为 -1.97 和 $-0.79E-3$，显著性水平分别为 1% 和 10%，说明了保护性投资对旅游收入的影响更为显著，保护性投资对旅游收入和旅游人次的影响均为负，验证了假说 1。为什么森林公园进行保护性投资反而会不利于旅游收入和旅游人次增长呢？如果森林公园需要较多保护性投资，说明需要进行保护和修复的旅游资源要么数量多、要么难度大。从旅游者角度来看，保护性投资落地会在一定程度上给旅游者带来负面影响，关于保护或修复的公告也可能直接将准备进入公园的旅游者挡在门外，可能原定于在公园内的餐饮、住宿、购物或其他活动也会面临取消或减少，导致森林公园旅游收入和旅游人次显著减少，一定程度上对前者的影响更为严重。

从森林公园角度来看，既然是保护或修缮投资，必然涉及对保护和修缮对象的封闭或围栏等，即便不关停或封闭，也会影响旅游者消费，导致旅游者即使进了公园也可能无法愉悦地消费旅游资源，其结果也会给森林公园的旅游收入带来损失。进一步分析，当森林公园所能获取的保护性投资额不足时，只能进行简单初级的保护或修复，例如，通过设置路障、通知通告或警戒线等，这直接切断了受保护区域或被修复资源与游客的接触。即使增加保护性投资额，在难以有效保护受保护区域或被修复资源的情况下，森林公园仍然缺乏向游客开放受保护区域和被修复资源的激励。事实上，保护性投资的初衷是在保护森林公园优质特色资源的同时，为游客观赏、游览、体验和探索这些森林资源提供便捷的渠道，从而达到吸引游客的目的，这是森林公园与其他类型自然保护区的显著不同之处。

二、工具变量回归结果

由于森林公园的保护性投资和旅游发展之间存在内生性，使用时间和个体双固定的固定效应回归虽然能一定程度缓解内生性，但是却无法有效解决。因此，表2-3中的模型结果可能存在偏差。为了准确估计保护性投资对森林旅游收入和旅游人次的影响，本章使用工具变量回归来处理内生性问题。为解决内生性问题，本章以森林公园开展的植树造林面积和改造林相面积作为工具变量，利用2SLS进一步估计保护性投资对森林公园旅游收入和人数的影响。

表2-4报告了使用工具变量进行两阶段估计的结果。第一阶段的F检验值均为58.453，远远大于10这一经验取值，显著地排除了"弱工具变量"问题。过度识别检验（Sargan Test）的结果分别为0.903、0.007，说明工具变量具有外生性且不存在工具变量的过度识别，因此工具变量的估计结果是有效的。

表2-4　工具变量回归结果

变量名称	因变量：旅游收入		因变量：旅游人次	
	回归7		回归8	
	第一阶段	第二阶段	第一阶段	第二阶段
保护性投资	—	-3.63（-3.51）***	—	0.52E-2（1.48）
植树造林	0.28（9.37）***	—	0.28（9.37）***	—
改造林相	0.10（4.13）***	—	0.10（4.13）***	—
观测值	10509	10509	10509	10509
R^2	—	0.19	—	0.09

注：（1）***、**、*分别表示1%、5%、10%的显著性水平；（2）括号内的数字为t检验值；（3）控制变量、个体固定效应和时间固定效应的估计结果略。
资料来源：作者计算整理而得。

第一阶段回归结果显示，造林面积、改造林相与保护性投资在1%的显著性水平下显著，即造林面积越大、改造林相面积越多，则保护性投资越高，与理论预期和现实观察完全吻合。第二阶段回归结果显示，保护性投资对旅游收入的影响在方向上和显著性上均与回归3的结果高度一致，这进一步验证了保护性投资对旅游收入的负向影响。但是，从数值上来看，与回归3相比，保护性投资的估计系数在绝对值上明显增大，说明潜在的内生性问题倾向于低估了保护性投资对森林公园旅游收入的负面影响。保护性投资对旅游人次的影响在方向上和显著性上与回归6的结果相比有明显偏差，影响方向由负变正且明显增大，但不再显著。

综合以上结果可知，保护性投资对森林公园旅游收入的影响显著为负，部分验证了假说1。然而，保护性投资对森林公园旅游人次无显著影响。究其原因，对森林公园而言，保护性投资落地的空间往往局限在需要保护和修复的小区域，对进入森林公园的游客而言，很可能事先并不知情，因此不会影响进入森林公园的旅游者。但是，当旅游者进入森林公园后，发现森林资源或景观正处在保护或修复之中而无法欣赏和游览，影响了游览的兴致和情绪，他们可能会大幅压缩在森林公园的游览时间和消费支出，导致森林公园的旅游收入显著减少。

三、异质性分析

从森林公园自然、人文、历史等维度的软硬设施与所供给的旅游资源和旅游服务看，国家级森林公园显著优于省级森林公园，省级森林公园又明显优于县级森林公园。因此，不同等级森林公园在资源禀赋、旅游设施等方面具有明显的异质性。那么，此种异质性可能会导致保护性投资对森林公园旅游收入和人数的影响在不同等级森林公园也同样存在差异。不仅如此，由于中国地域广阔，地区差异悬殊，不同地区森林公园之间的差异也可能比较突出。基于此，本节利用上述工具变量回归模型来探讨不同等级、不同地区森林公园的保护性投资对森林旅游的异质性影响。

表2-5第二阶段回归结果报告了保护性投资对不同等级森林公园旅游收入和旅游人次的影响。一方面，保护性投资对国家级森林公园旅游收入有显著的负向影响，对省级、县级森林公园的旅游收入均无显著影响，即保护性投资对不同等级森林公园旅游收入的影响具有显著的异

质性。另一方面，保护性投资对省级森林公园旅游人次有显著的负向影响，而对国家级、县级森林公园的旅游人次均无显著影响，即保护性投资对不同等级森林公园旅游人次的影响具有显著的异质性。

表 2-5　不同等级森林公园保护性投资对森林旅游收入和人次影响的回归结果

变量名称	因变量：旅游收入			因变量：旅游人次		
	回归 9	回归 10	回归 11	回归 12	回归 13	回归 14
	国家级	省级	县级	国家级	省级	县级
第一阶段回归						
植树造林	0.25 *** (6.93)	0.71 *** (7.08)	2.76 *** (4.24)	0.25 *** (6.93)	0.71 *** (7.08)	2.76 *** (4.24)
改造林相	0.11 *** (3.77)	-0.20 ** (-2.29)	0.31 (0.342)	0.11 *** (3.77)	-0.20 ** (-2.29)	0.31 (0.95)
第二阶段回归						
保护性投资	-3.66 ** (-2.49)	0.87 (0.70)	-0.40 (-1.21)	0.47E-2 (1.02)	-0.01 * (-1.68)	-0.01 (-1.27)
观测值	4554	5571	384	4554	5571	384
R^2	0.29	0.16	0.21	0.14	0.13	0.22

注：（1）***、**、*分别表示 1%、5%、10%的显著性水平；（2）括号内的数字为 t 检验值；（3）控制变量、个体固定效应和时间固定效应的估计结果略。

资料来源：作者计算整理而得。

表 2-6 第二阶段回归结果报告了保护性投资对不同地区森林公园的旅游收入和旅游人次的影响。一方面，保护性投资对东部和中部地区森林公园旅游收入的影响具有显著的负影响，对西部地区森林公园旅游收入没有显著影响。另一方面，保护性投资对西部地区森林公园旅游人次有显著的正影响，对东部和中部地区森林公园旅游人次均无显著影响。保护性投资对不同地区森林公园旅游人次的影响存在显著异质性。由此说明，不同等级、不同地区森林公园的保护性投资对其旅游收入和旅游人次的影响确实存在显著差异，这一结果验证了假说 2。

表 2-6　不同地区森林公园保护性投资对森林旅游收入和旅游人次的估计结果

变量名称	因变量：旅游收入			因变量：旅游人次		
	回归 15	回归 16	回归 17	回归 18	回归 19	回归 20
	东部	中部	西部	东部	中部	西部
第一阶段回归						
植树造林	0.57*** (4.28)	0.24*** (8.79)	0.48*** (5.48)	0.57*** (4.28)	0.24*** (8.79)	0.48*** (5.48)
改造林相	0.28*** (3.38)	0.10*** (3.76)	0.02 (0.69)	0.28*** (3.38)	0.10*** (3.76)	0.02 (0.40)
第二阶段回归						
保护性投资	−9.92*** (−4.58)	−3.48*** (−3.41)	0.85 (0.42)	−0.01 (−1.56)	−0.02E-1 (−0.64)	0.03** (2.20)
观测值	3989	4066	2454	3989	4066	2454
R^2	0.15	0.18	0.17	0.21	0.15	0.21

注：（1）***、**、*分别表示1%、5%、10%的显著性水平；（2）括号内的数字为 t 检验值；（3）控制变量、个体固定效应和时间固定效应的估计结果略。

资料来源：作者计算整理而得。

四、稳健性分析

为进一步确保研究结论的可靠性，本章同样基于工具变量回归模型进行一系列稳健性检验，相应结果如表 2-7 所示。为使研究样本更具可比性，删除县级森林公园样本，保留省级及以上森林公园样本。其原因是，国家级森林公园和省级森林公园是全部纳入统计范畴的公园类型，除个别公园因为整修维护、改扩建等原因闭园或不对外开放而没有纳入样本外，其余森林公园全部进入本章分析样本，而县级森林公园仅有个别省份有统计，大部分省份没有统计县级森林公园，部分省份尚未开展或刚刚开展对县级森林公园的评选认定工作，导致县级森林公园数量偏少，样本期内县级森林公园仅有 384 个，仅占全部样本的 3.65%。此外，县级森林公园在占地规模、景观质量、人文历史资源、森林资源、基础设施等方面发展均相对落后，与省级森林公园、国家级森林公园差距悬殊。回归 21 和回归 24 的结果与表 2-4 的结果高度一致。进一步地，为避免保护性投资异常值对回归结果的影响，对保护性投资最高和最低 1% 的样本进行缩尾（Winsor）处理，回归 22 和回归 25 报告了回归结果，研究结果亦基本保持不变。

需要说明的是，前述工具变量回归针对的只是保护性投资变量，然而，控制变量也可能存在反向因果从而引发内生性问题。为了排除这一影响，同时检验保护性投资是否存在延迟效应，本章将所有自变量的 1 期滞后项纳入模型进行估计，回归 23 和回归 26 报告了回归结果，与表 2-4 结果基本一致。但是，保护性投资的 1 期滞后项对旅游人次的影响变为显著且系数为正，反映了保护性投资对旅游人次的影响具有滞后性。但是，保护性投资的 1 期滞后项对旅游收入的影响仍然显著且系数为负，这说明保护性投资的落地实施确实减少了游客在公园内的消费活动，导致旅游收入减少。综上，稳健性检验结果充分说明本章研究结果总体上是稳健的。

表 2-7　稳健性检验结果

变量名称	因变量：旅游收入			因变量：旅游人次		
	回归 21	回归 22	回归 23	回归 24	回归 25	回归 26
第一阶段回归						
植树造林	0.28 *** (9.27)	0.13 *** (8.85)	0.26 *** (8.33)	0.28 *** (9.27)	0.13 *** (8.85)	0.26 *** (8.33)
改造林相	0.10 *** (4.03)	0.07 *** (6.61)	0.06 ** (2.09)	0.10 *** (4.03)	0.07 *** (6.61)	0.06 ** (2.09)
第二阶段回归						
保护性投资	−3.73 *** (−3.49)	−7.45 *** (−3.67)	−2.58 ** (−2.18)	0.01 (1.48)	0.01 (1.45)	0.01 ** (2.34)
观测值	10125	10509	8030	10125	10509	8030
R^2	0.20	0.16	0.13	0.20	0.11	0.12

注：（1）***、**、*分别表示 1%、5%、10% 的显著性水平；（2）括号内的数字为 t 检验值；（3）控制变量、个体固定效应和时间固定效应的估计结果略。

资料来源：作者计算整理而得。

利用 2010—2016 年森林公园数据以及所在城市的宏观数据，本章通过构建面板数据模型，选用森林公园旅游收入、旅游人次来衡量森林旅游发展，考察保护性投资对森林旅游发展的影响，选取植树造林面积、林相改造面积作为克服保护性投资内生性的两个工具变量来估计保护性投资对森林旅游的影响。本章主要结论可以表述为：森林公园的保护性投资不能增加森林公园的旅游人次，还会显著降低森林公园的旅游收入，背离了保护性投资通过保护森林资源和自然景观为旅游者欣赏和游览提供便捷条件从而促进旅游增长的目标；不同等级、不同地区森林公园的保护性投资对其旅游收入和旅游人次的影响显著不同，保护性投资对国家级森林公园的旅游收入有显著的负影响，对省级森林公园的旅游人次有显著的负影响，保护性投资对东部和中部地区森林公园的旅游收入有显著负影响，而对西部地区森林公园的旅游人次有显著正影响；保护性投资对森林公园旅游人次的影响具有滞后性，当年增加保护性投资额能够在第二年吸引更多旅游者。

第三章　不同来源投资对森林公园
旅游发展的影响分析

　　森林旅游是依托森林公园兴起的一种旅游新业态，也是践行"两山理论"的重要体现，在当前环境污染形势较为严峻的情况下，深受广大旅游消费者青睐。森林公园以其独特的自然资源优势给消费者提供一种清新的、健康的生活体验和旅游目的地。资本投入是旅游业快速发展、转型升级的重要驱动力量（Aratuo，Etienne，2019；李涛，2018；Omotholar，2015），森林旅游也不例外。长期以来，中国旅游业发展主要依靠投资驱动，对投资的依赖程度不断提高（唐晓云、赵黎明、秦彬，2007），且投资来源日趋多元化。根据国家森林公园管理办公室的数据统计，2010—2017 年间，森林公园获得各类投资总额从 224.99 亿元增至 573.89 亿元，年均增长率达到 14.31%，其中政府投资额、公园自筹资金额、引入社会私人资本额分别从 50.84 亿元、78.09 亿元、96.06 亿元增至 110.20 亿元、201.53 亿元、262.16 亿元，年均增长率分别为 11.70%、14.50%、15.43%。同期，政府投资额、公园自筹资金额、引入社会私人资本额占总投资额的比重分别从 22.60%、34.71%、42.70%变化为 19.20%、35.12%、45.68%。可见，2010 年以来，以社会私人资本为主的多元化投资促进了森林旅游的快速发展壮大。

　　然而，鲜有研究从投资来源视角探讨不同来源投资对旅游发展的影响，森林旅游也不例外。那么，对森林公园而言，不同来源投资都能够显著促进旅游增长吗？不同来源投资对旅游增长的影响在不同等级、不同地区森林公园中具有异质性吗？研究并回答这些问题，可以厘清不同来源投资对我国森林公园发展的影响，发现不同等级、不同地区森林公园中的投资异质性，既可丰富投资研究、旅游研究、森林公园研究三类主题的交叉研究，又可为大力发展森林旅游，找准森林旅游高速、高质发展的抓手提供有益参考。

第一节　不同来源投资影响森林公园旅游发展的理论假说

对森林公园而言，实现可持续发展既需要保护自然资源与环境生态，也要创造经济价值。从产出视角看，保护自然资源和生态环境带来的产出改善具有周期长、不易测度等特点，短期内轻微超负荷利用自然资源和生态环境带来的产出损失也不易识别和测度，只有超负荷利用达到一定时间和程度才会导致显著破坏，易于观察和识别。

理论上，森林公园管理者面临提升环境生态绩效和旅游经济绩效的双重诉求：既要努力争取中央和各级政府资金，提高国有资金使用效率，保护好环境生态；又要积极引入市场上的私人资本，发展混合经营，促进森林旅游发展，提升旅游经济绩效。但是，由于保护自然资源和生态环境的产出不易测度，以及发展旅游的产出指标易于测度，不论是政府投资，还是自筹资金或是私人资本，公园管理者在资金使用上就不可避免有动机增加旅游领域投资而削减保护方面投资，对自然资源和生态环境保护执行底线投资，以保证自然资源和生态环境不遭受明显破坏而被追责为限，而将大量投资投向旅游领域，促进森林公园的经济收益增长。基于此，提出假说1：

假说1：不论是政府投资，还是自筹资金或是私人资本，增加投资都能促进森林公园旅游总收入增长和旅游人次增长。

但是，不同来源投资对森林公园旅游发展的影响存在差异。政府投资更追求投资的公共产品价值，以道路、用电、用水等公共基础设施为主，而且此类设施也很难引入私人资本进入，只能依靠政府投资，相应的对政府政策的支持度也比较高。在旅游景区发展过程中，门票经济长期占据重要地位，使得景区缺乏转型发展、创新发展的动力，而广受诟病，由此引发不少地方政府督促景区降低门票甚至免门票，以此推动景区减少对门票经济依赖，实现转型发展。与国有投资不同，虽然自筹资金和私人资本也可能会有一部分资金投向生态保护或其他公共产品设施，但投向旅游设施和服务提供的倾向更为明显。尤其是私人资本，对其投资回报的关注更为强烈。食宿和娱乐设施等则是自筹资金和私人资本的投资重点。基于此，提出假说2：

假说2：森林公园获取的国有投资增加会降低其门票收入，而自筹资金和私人资本增加则会促进食宿收入和娱乐收入增长。

不同等级森林公园具有显著的差异性，所能获取三类投资的能力和规模也不相同，相应的对旅游收入和人次的影响也不相同。不仅如此，由于中国地域广阔，东西差异和南北差异悬殊，位于不同地域的森林公园也必然具有显著的差异性，同样获取各类投资的能力和规模也不相同，对旅游收入和人次的影响也不相同。基于此，提出假说3：

假说3：国有投资、自筹资金和私人资本对森林公园旅游总收入、门票收入、食宿收入、娱乐收入、旅游总人次、海外游客量的影响在不同等级、不同地区森林公园之间具有显著异质性。

第二节　不同来源投资影响森林公园旅游 发展的模型设定

一、模型设计

本章依托 2010—2016 年跨度为 7 年的中国森林公园层面数据及森林公园所在城市层面数据来实证研究不同来源投资对森林公园旅游增长的影响，进一步探究不同来源投资影响森林公园旅游增长的方向及相应机制。为考察不同来源投资对森林旅游增长的影响，借鉴秦光远、程宝栋（2020），陈诗一、陈登科（2018），罗斯炫等（2018）研究，本章构建如下基准回归模型：

$$Y^k_{it} = \alpha_0 + \alpha_1 NationalInvest_{it} + \alpha_2 SelfInvest_{it} + \alpha_3 SocialInvest_{it}$$
$$+ \beta Control_{it} + \mu_i + \varphi_t + \varepsilon_{it} \tag{3-1}$$

其中，Y 表示森林公园 i 在 t 年的森林旅游发展指标，$k = 1$，2，3，4 分别表示使用年度森林旅游总收入、门票收入、食宿收入、娱乐收入（2010 年不变价调整）度量，$k = 5$，6 表示使用森林旅游总人数、海外旅游人数；$NationalInvest$，$SelfInvest$，$SocialInvest$ 分别表示森林公园 i 在 t 年的政府投资额、森林公园自筹投资额、森林公园引入的社会投资额（2010 年不变价），其系数 α_1、α_2、α_3 分别测度了三类不同来源投资对森林旅游增长的影响，是本章所关注的核心参数。Control 表示控制变量，分为两类：一是森林公园层面的控制变量，包括公园职工人数、导游人数、车船总数、游道总里程、床位总数、餐位总数等；二是森林公园所在城市层面的控制变量，包括人口规模、人均 GDP、二产占比、三产占比、地方财政收入、职工平均工资、年末实有出租车总量等，系数 β 表示各个控制变量对森林旅游增长的影响，为了尽可能缓解由于遗漏变量导致的偏误，本章尽可能地增加了控制变量的选择。μ，φ 分别表示森林公园层面、时间维度的固定效应，ε 表示随机扰动项。

二、变量的描述性统计分析

根据前述模型设定和变量选择，本章研究使用样本总量为 10901 个，涉及 2122 个森林公园，时间跨度为 2010—2016 年，因此本研究样本构建的为非平衡面板数据。主要变量的描述性统计结果如表 3-1 所示。

表 3-1　主要变量描述性统计表

变量名称	变量处理	单位	组别	均值	标准差	最小值	最大值	观测值
ln 森林公园旅游总收入 (Y1)	对数化*	万元	整体	4.170	4.339	-6.908	13.912	N=10901
			组间		4.378	-6.908	13.458	n=2122
			组内		1.710	-7.760	15.318	T-bar=5.137
ln 森林公园门票收入 (Y2)	对数化*	万元	整体	-0.301	6.003	-6.908	11.738	N=10901
			组间		5.657	-6.908	11.166	n=2122
			组内		2.025	-13.371	11.276	T-bar=5.137
ln 森林公园食宿收入 (Y3)	对数化*	万元	整体	1.411	5.627	-6.908	13.541	N=10901
			组间		5.205	-6.908	12.895	n=2122
			组内		2.513	-10.920	13.600	T-bar=5.137
ln 森林公园娱乐收入 (Y4)	对数化*	万元	整体	-2.096	5.610	-6.908	11.852	N=10901
			组间		4.770	-6.908	10.747	n=2122
			组内		2.917	-14.565	11.817	T-bar=5.137
ln 森林旅游总人数 (Y5)	对数化	万人	整体	2.099	1.742	-5.298	7.340	N=10901
			组间		1.687	-3.507	7.188	n=2122
			组内		0.623	-2.414	5.768	T-bar=5.137
ln 森林旅游海外游客数 (Y6)	对数化**	万人	整体	-5.923	4.146	-9.210	5.313	N=10901
			组间		3.521	-9.210	4.445	n=2122
			组内		2.019	-15.156	3.612	T-bar=5.137
Ln 政府投资 (X1)	对数化*	万元	整体	-3.510	7.161	-9.210	11.139	N=10901
			组间		5.452	-9.210	9.330	n=2122
			组内		4.828	-19.203	12.263	T-bar=5.137
Ln 自筹资金 (X2)	对数化*	万元	整体	1.050	6.505	-9.210	12.206	N=10901
			组间		4.965	-9.210	9.782	n=2122
			组内		4.509	-15.070	16.075	T-bar=5.137

续表

变量名称	变量处理	单位	组别	均值	标准差	最小值	最大值	观测值
Ln社会私人资本（X3）	对数化*	万元	整体	−5.403	6.678	−9.210	14.221	N=10901
			组间		4.997	−9.210	11.980	n=2122
			组内		4.394	−20.884	13.302	T−bar=5.137
政府投资占比***（X11）		%	整体	0.231	0.362	0.000	1.000	N=10901
			组间		0.276	0.000	1.000	n=2122
			组内		0.249	−0.626	1.088	T−bar=5.137
自筹资金占比***（X21）		%	整体	0.501	0.439	0.000	1.000	N=10901
			组间		0.329	0.000	1.000	n=2122
			组内		0.312	−0.356	1.359	T−bar=5.137
社会资金占比***（X31）		%	整体	0.154	0.310	0.000	1.000	N=10901
			组间		0.222	0.000	1.000	n=2122
			组内		0.215	−0.703	1.011	T−bar=5.137

注：* 表示该变量原始值存在零值，为了避免取对数后得不出具体数值而造成样本损失，故采用"原始值+0.001"后再取对数，选择0.001是因为变量单位是万元，相当于每个城市森林旅游相关的收入或投资同步增加10元钱，增加比例非常微小，基本不构成对原有数值分布和结构的重要影响，同时避免了样本的损失。例如，由于免门票的森林公园日趋增多而门票收入可能不存在，还有一定比例的森林公园没有食宿和娱乐项目，也没有此类收入，在样本中该变量数值均为0。** 表示该变量原始值存在较多零值，采用"原始值+0.0001"后再取对数，由于原变量单位是万人次，相当于该变量同步增加1人次，基本对变量没有影响，再取对数，可以避免零值取对数造成的样本损失。*** 表示由于存在部分森林公园三类投资同时为0的情况，为了避免由于0/0导致的样本损失，在计算三类投资占比时，分别使用各类投资额除以"三类投资额+0.0001"来表示。

资料来源：根据国家林业和草原局国有林场和种苗管理司森林公园管理办公室提供数据整理得出。

第三节　不同来源投资影响森林公园旅游发展的实证结果分析

一、基准回归

表3-2报告了基准模型式（3-1）的回归结果。其中，第1至第6列分别表示以森林公园旅游总收入、门票收入、食宿收入、娱乐收入、游客总数、海外游客总数为因变量的模型结果。在控制了一系列森林公

园层面、城市层面控制变量及时间效应和个体效应后，政府投资对森林公园旅游总收入和总人数有显著正向影响，显著性水平分别为1%、5%，对门票收入有显著负影响，显著性水平为1%；森林公园自筹资金对旅游总收入、门票收入、食宿收入、娱乐收入、游客总数、海外游客总数均有显著正向影响，显著性水平均为1%；引入社会私人资本对旅游总收入、食宿收入、娱乐收入、游客总数、海外游客人数均有显著正影响，显著性水平分别为1%、5%、1%、1%、1%，验证了假说1和假说2。

表 3-2　基准回归结果

变量名称	Y1	Y2	Y3	Y4	Y5	Y6
X1	0.0101***	-0.0137***	0.00219	0.00836	0.0032**	0.00343
	(2.78)	(-3.08)	(0.42)	(1.33)	(2.53)	(0.78)
X2	0.0181***	0.0183***	0.0377***	0.0382***	0.00726***	0.0293***
	(4.62)	(3.81)	(6.74)	(5.64)	(5.32)	(6.19)
X3	0.0145***	0.00771	0.0123**	0.0453***	0.00502***	0.0233***
	(3.64)	(1.58)	(2.15)	(6.57)	(3.61)	(4.82)
职工人数	0.185***	0.151***	0.0982*	-0.00490	0.0837***	0.0898*
	(4.77)	(3.18)	(1.77)	(-0.07)	(6.20)	(1.91)
导游人数	0.168***	0.328***	0.140***	0.305***	0.110***	0.373***
	(4.59)	(7.33)	(2.68)	(4.82)	(8.65)	(8.43)
车船数量	0.156***	0.150***	0.130***	0.549***	0.0504***	0.234***
	(4.78)	(3.77)	(2.80)	(9.76)	(4.46)	(5.94)
游道长度	0.0758***	-0.0248	0.0676**	0.136***	0.0429***	0.0284
	(3.99)	(-1.07)	(2.49)	(4.14)	(6.49)	(1.23)
床位总数	0.126***	0.151***	0.343***	0.309***	0.0227***	0.137***
	(5.33)	(5.20)	(10.13)	(7.55)	(2.75)	(4.79)
餐位总数	0.264***	0.0203	0.569***	0.183***	0.0535***	0.0407*
	(12.89)	(0.81)	(19.50)	(5.17)	(7.53)	(1.65)
人口规模	0.570**	0.117	0.419	0.611	-0.189**	0.384
	(2.09)	(0.35)	(1.08)	(1.30)	(-1.99)	(1.16)

续表

变量名称	Y1	Y2	Y3	Y4	Y5	Y6
人均GDP	−0.343	−0.899***	−0.888***	−0.133	−0.164**	0.134
	(−1.64)	(−3.52)	(−2.98)	(−0.37)	(−2.26)	(0.53)
二产占比	0.0260	0.0443**	0.0253	0.0437	0.0146***	0.0319*
	(1.63)	(2.26)	(1.11)	(1.58)	(2.62)	(1.65)
三产占比	0.00711	0.000792	0.0153	0.0656**	0.00910	0.0554**
	(0.40)	(0.04)	(0.60)	(2.13)	(1.47)	(2.57)
地方财政收入	−0.118	−0.209	0.0936	0.0892	0.0378	−0.168
	(−1.01)	(−1.46)	(0.56)	(0.44)	(0.93)	(−1.19)
职工平均工资	0.0821	−0.0384	−0.00957	−0.0640	0.0377	−0.347**
	(0.64)	(−0.25)	(−0.05)	(−0.29)	(0.85)	(−2.25)
出租车数量	−0.144	−0.0819	−0.00733	−0.679***	0.00988	−0.328***
	(−1.43)	(−0.67)	(−0.05)	(−3.91)	(0.28)	(−2.70)
常数项	1.129	8.465***	0.338	−7.452**	1.426*	−5.763**
	(0.52)	(3.22)	(0.11)	(−2.00)	(1.91)	(−2.22)
个体固定	Yes	Yes	Yes	Yes	Yes	Yes
时间固定	Yes	Yes	Yes	Yes	Yes	Yes
R^2（%）	42.89	17.88	50.03	29.29	28.04	19.47
F test	32.34***	14.62***	68.30***	31.48***	85.04***	21.70***
N	10901	10901	10901	10901	10901	10901

注：（1）括号内为t值；（2）*、**、***分别表示在10%、5%、1%的显著性水平下显著。
　　资料来源：作者计算整理而得。

基于上述结果可以发现：第一，政府投资虽然减少了森林公园的门票收入，但是却促进了旅游总人数和总收入的增长，而对食宿收入、娱乐收入则没有显著影响。森林公园具有多重功能，森林旅游虽然是其中重要功能之一，但政府投资的重点可能并非是发展森林旅游，而主要是森林公园重大基础设施建设，以及森林景观资源、生态资源的保护、修复、开发和利用等。国家森林公园的景观和人文景物大多具有独特性或唯一性，一旦遭到破坏，其损失将不可估量，即便有能力修复和恢复，其价值也将大打折扣。与此同时，越是此类景观、景物，对游客越具有强大吸引力。因此，这也解释了政府投资为什么可以促进旅游总人数和总收入的增长。然而，为什么政府投资会减少门票收入呢？长期以来，我国不少景区主要依靠门票收入生存发展，特别是不少国有重点景区，凭借其特有自然风光和景观垄断经营，门票价格过高，严重影响了广大旅游者的旅游消费意愿和行为，影响了人们对改革发展成果的获得感。为此，2018 年《国家发展改革委关于完善国有景区门票价格形成机制　降低重点国有景区门票价格的指导意见》正式发布，虽然降低重点国有景区门票价格取得阶段性成效，但是总体上看，降价景区范围仍然偏小，部分地区落实降价措施力度不够。在此基础上，2019 年《国家发展改革委办公厅关于持续深入推进降低重点国有景区门票价格工作的通知》发布，要求全面开展门票定价成本监审或成本调查，推进更大范围降价、推动更大力度降价、强化配套服务价格监管。因此，对积极响应中央政策与文件要求而降低门票价格、免门票的森林公园，中央政府可以相应增加投资规模，而对于不认真落实中央要求的森林公园，则适当缩减投资规模，这就解释了为什么政府投资增加反而会减少森林公园门票收入。

第二，森林公园自筹资金投资不仅能促进各项旅游收入的增加，还能促进森林旅游人数和海外旅游人数的增长。这一效果如何产生呢？森林公园自筹资金主要来源于本级政府财政，可能主要投向了能够带动森林旅游发展的领域，比如增加旅游设施、提升旅游设施质量和服务水平，吸引了更多旅游者的同时也刺激了旅游者的消费，增加了森林公园的旅游收入。深入分析其背后原因，有以下三个方面：一是投资旅游设施、旅游服务的供给具有可视性，且能带来直观的客流量和旅游收入，便于自筹资金的资金方审核检查资金使用情况及获得资金回报，相较于将资金投向森林资源、环境与景观设施的保护和修复，短期内难以观测到资金使用的效果，资金的回报周期也更长，不确定性明显增加。二是森林公园管理者作为事业单位编制人员，需要通过投资获得显性化的产出，比如旅游人数明显增多、旅游收入显著提高，相比之下森林资源质量提升、森林景观质量改善等不易识别且更难量化。三是森林公园，尤其是国家级森林公园、省级森林公园，往往都是一个城市的重要名片，为地方政府所重视，影响森林公园管理者将自筹资金部分主要用于发展旅游。

第三，森林公园引入社会私人资本不仅能促进旅游总收入、食宿收入和娱乐收入增加，还能促进旅游总人数和海外旅游人数的增长，社会私人资本对森林旅游的促进作用明显，但其背后机制与公园自筹资金存在明显差异。社会私人资本进入森林公园，追求高经济回报是其核心目的，通过供给旅游产品和服务发展森林旅游是获得经济收入的主要渠道，从收入类型看，主要是食宿收入和娱乐收入，说明了食宿和娱乐设施与服务是私人资本投资的重点领域。近年来，越来越多的森林公园增加了各式各样的娱乐设施，部分森林公园专门开辟空间建设游乐场，其中都不同程度有私人资本参与，此外，不少森林公园的游船服务、观光车服务、索道缆车服务也都有私人资本参与。由于社会私人资本参与，森林公园旅游设施的利用效率、旅游服务的供给质量都有了显著提高。旅游者的选择空间明显增大、消费体验明显改善，既能增加入园旅游者的消费，又能对未入园的旅游者产生较强吸引力。由此，获得稳定的经济收益就有了保障，进而利用这些经济收益可以进一步扩大引进先进、高质量的旅游设施和项目，还可以进一步改善和提升旅游服务质量，从而吸引更多的旅游者，形成良性循环。

二、异质性分析

森林公园的异质性特征明显。一方面，由于我国地域广阔，森林资源与景观等自然条件、经济社会发展水平等在地区间差异悬殊，不同地区森林公园之间差异明显。另一方面，从森林公园自然、人文、历史等维度的软硬设施与所供给的旅游资源和旅游服务看，国家级森林公园显著优于省级森林公园，而省级森林公园又明显优于县级森林公园，不同等级森林公园具有明显的异质性。因此，理论上，此种异质性可能会导致不同来源投资对森林公园旅游收入和人数的影响在不同地区、不同等级森林公园同样存在。基于此，本节以上述基准回归模型为基础来探讨不同地区、不同等级森林公园不同来源投资对森林旅游的异质性影响。

表3-3、表3-4和表3-5回归结果分别报告了政府投资、公园自筹资金、引入社会私人资本对东部、中部和西部地区森林公园各类旅游收入和旅游人数的影响。在东部地区，政府投资对旅游总收入和海外旅游人数有显著影响，显著性水平均为10%；公园自筹资金对旅游总收入、食宿收入、娱乐收入、旅游总人数、海外旅游人数有显著正影响，显著性水平分别为5%、1%、1%、1%、1%；引入社会私人资本对旅游总收入、娱乐收入、旅游总人数和海外旅游人数有显著正影响，显著性水分别为5%、1%、1%、1%。在中部地区，政府投资对旅游总收入、娱乐收入和旅游总人数均有显著影响，显著性水分别为5%、5%、10%；公园自筹资金、引入社会私人资本对各类旅游收入、旅游总人数和海外旅游人数均有显著正影响。在西部地区，政府投资对门票收入有显著负影响，显著性水平为1%，其余收入类型和旅游人数均无显著影响；公园自筹资金对旅游总收入、门票收入、食宿收入、旅游总人数和海外旅游人数有显著正影响；引入社会私人资本对各类收入和旅游人数均无显著影响。不同来源投资对不同地区森林公园旅游收入和旅游人次的影响具有显著异质性，与假说3吻合。

基于上述结果可以发现：第一，不同来源投资对各类旅游收入和旅游人数的影响存在显著的地区异质性。第二，政府投资在促进森林旅游发展方面影响较小，在东部地区对旅游总收入和海外旅游人数有显著正影响，在中部地区对旅游总收入、娱乐收入和旅游总人数有显著正影响，在西部地区仅对门票收入有显著负影响。出现这种差异的原因是什么呢？在东部地区主要得益于政府投资的正外部性，虽然没有投向食宿和娱乐设施，但是投向森林公园其他领域也带来了游客总量的增长和旅游总收入的增加；中部地区森林公园将部分政府投资用于娱乐设施和服务供给，吸引了游客的同时带来了娱乐收入和旅游总收入的增加；在西部地区，由于自身的生态脆弱性和环境恶劣特点，需要保护生态与环境的力度更大，政府投资资金主要用于了生态与环境的修复和保护，而供给更多旅游设施和旅游服务既受自然条件约束又受资金约束，西部地区森林公园在发展旅游过程中，"门票经济"① 长期占据重要位置。此外，由于西部地区本级政府财政相对紧张限制了森林公园自筹资金的规模，引入社会私人资本也较为困难，森林公园发展主要依靠中央投资资金。但是，中央有关部门三令五申要求国有重点景区下调门票价格，降低人民群众享受优质景区旅游资源的门槛，森林公园尤其是国家森林公园几乎全部在国有重点景区范畴内。因此，多争取政府投资的一个重要条件是落实好中央关于降低门票价格等的有关政策和要求，这就解释了为什么政府投资在西部地区会对森林公园门票收入产生显著负影响。

第三，公园自筹资金投资对旅游收入和旅游者规模均产生了显著的正影响，但地区间差异明显，在东部地区对门票收入没有影响，在西部地区对娱乐收入没有影响。从旅游收入来看，自筹资金规模越大，东部地区公园的食宿收入和娱乐收入增加越多，中部地区公园的旅游总收入、门票收入、食宿收入和娱乐收入增加越多，西部地区公园的旅游总收入、门票收入和食宿收入增加越多。可见，自筹资金的一个共性用途

---

① "门票经济"涉及我国旅游经济发展的模式问题，由于旅游门票具有操作简单、刚性配置、现金回笼、效率明显和收益保障等特点，在我国旅游经济高速发展过程中，门票经营起到了重要的拉动旅游经济的作用，导致不少地方的景区企业和政府部门对门票收入的依赖性非常严重，旅游经济蜕化为"门票经济"（宋丁，2008）。

是改善食宿条件，吸引游客就餐住宿，从而增加食宿收入，从另一个侧面也反映了我国森林公园内部的食宿条件相对较为落后，改善提升食宿条件对收入增加的边际贡献比较突出。中东部地区公园的自筹资金还投向了娱乐设施和服务，且已经带来了娱乐收入的增长，在"门票经济"受到约束限制后，森林公园也在寻求旅游发展模式的转变，减少对"门票经济"的依赖，发展"娱乐经济"，让住下来的游客吃得好、玩得好，逐步形成"吃—住—玩"相互支持、相互促进的发展模式。相比较而言，西部地区公园的"门票经济"依赖仍然存在，通过自筹资金增加和改善旅游设施和服务，增加客流量的同时带来门票收入、食宿收入和旅游总收入的增长。从旅游者规模看，自筹资金投资越多，游客总量和海外游客数量均呈现增长趋势，东部、中部和西部地区表现一致，说明了自筹资金在吸引旅游者数量方面表现较好且地区间差异不大。

第四，引入社会私人资本投资对东部森林公园的旅游总收入、娱乐收入、旅游总人数及海外旅游人数有显著的正影响，对中部森林公园的各类旅游收入和旅游人数均有显著的促进作用，而西部地区恰恰相反。在东部地区，社会资本主要投向了娱乐方面，带来了旅游者增多的同时娱乐收入和旅游总收入明显增长。中部地区森林公园的社会资本投向相对多元，对门票收入、食宿收入和娱乐收入均有积极影响，从另一个侧面反映了中部地区森林公园整体设施的数量和质量还存在不足，需要社会私人资本进入以实现全面均衡发展。西部地区的森林公园所能引入的社会私人资本相对稀缺，对森林旅游的影响尚未显现出来。

表 3-3　东部地区样本的估计结果

变量名称	Y1	Y2	Y3	Y4	Y5	Y6
X1	0.0105*	−0.0108	−0.00317	0.00291	0.00279	0.0128*
	（1.74）	（−1.51）	（−0.35）	（0.28）	（1.47）	（1.72）

续表

变量名称	Y1	Y2	Y3	Y4	Y5	Y6
X2	0.0155**	−0.00087	0.0390***	0.0552***	0.00671***	0.0454***
	(2.33)	(−0.11)	(3.90)	(4.88)	(3.19)	(5.51)
X3	0.0138**	0.00282	0.0117	0.0504***	0.00656***	0.0313***
	(2.02)	(0.35)	(1.15)	(4.36)	(3.06)	(3.72)
控制变量	Yes	Yes	Yes	Yes	Yes	Yes
个体固定	Yes	Yes	Yes	Yes	Yes	Yes
时间固定	Yes	Yes	Yes	Yes	Yes	Yes
R^2 (%)	40.16	22.93	46.53	25.28	25.17	20.28
F test	18.22***	6.88***	40.44***	15.94***	35.22***	12.48***
N	4292	4292	4292	4292	4292	4292

注：（1）括号内为 t 值；（2）*、**、*** 分别表示在 10%、5%、1% 的显著性水平下显著。
资料来源：作者计算整理而得。

表 3-4　中部地区样本的估计结果

变量名称	Y1	Y2	Y3	Y4	Y5	Y6
X1	0.0128**	−0.00259	0.00664	0.0204**	0.00303*	0.00491
	(2.41)	(−0.38)	(0.86)	(2.08)	(1.66)	(0.73)
X2	0.0145**	0.0175**	0.0314***	0.0395***	0.00512**	0.0213***
	(2.47)	(2.30)	(3.67)	(3.67)	(2.55)	(2.86)
X3	0.0245***	0.0118*	0.0146*	0.0476***	0.00528***	0.0198***
	(4.49)	(1.66)	(1.84)	(4.75)	(2.82)	(2.86)
控制变量	Yes	Yes	Yes	Yes	Yes	Yes
个体固定	Yes	Yes	Yes	Yes	Yes	Yes
时间固定	Yes	Yes	Yes	Yes	Yes	Yes
R^2 (%)	41.18	18.94	46.12	28.75	22.25	19.08
F test	20.84***	5.08***	25.61***	18.22***	52.27***	10.08***
N	4288	4288	4288	4288	4288	4288

注：（1）括号内为 t 值；（2）*、**、*** 分别表示在 10%、5%、1% 的显著性水平下显著。
资料来源：作者计算整理而得。

表3-5　西部地区样本的估计结果

变量名称	Y1	Y2	Y3	Y4	Y5	Y6
X1	0.00372	-0.0312^{***}	0.00662	-0.000980	0.00500	-0.00919
	（0.45）	（-3.15）	（0.63）	（-0.07）	（1.50）	（-1.00）
X2	0.0239^{***}	0.0466^{***}	0.0385^{***}	0.00347	0.0118^{***}	0.0183^{*}
	（2.82）	（4.61）	（3.60）	（0.25）	（3.46）	（1.95）
X3	-0.00643	0.00393	-0.00142	0.0235	0.00149	0.00478
	（-0.64）	（0.33）	（-0.11）	（1.41）	（0.37）	（0.43）
控制变量	Yes	Yes	Yes	Yes	Yes	Yes
个体固定	Yes	Yes	Yes	Yes	Yes	Yes
时间固定	Yes	Yes	Yes	Yes	Yes	Yes
R^2（%）	40.69	2.14	39.78	5.10	12.67	10.97
F test	11.09^{***}	9.53^{***}	10.31^{***}	4.05^{***}	11.88^{***}	4.39^{***}
N	2321	2321	2321	2321	2321	2321

注：（1）括号内为 t 值；（2）*、**、*** 分别表示在10%、5%、1%的显著性水平下显著。
资料来源：作者计算整理而得。

　　表3-6和表3-7分别报告了政府投资、公园自筹资金、引入社会私人资本对国家级和省级森林公园各类旅游收入和旅游人数的影响。对于国家级森林公园，政府投资对旅游总收入有显著正影响，对门票收入有显著负影响，均在5%显著性水平下显著；公园自筹资金对各类旅游收入和旅游人数均有显著正影响，显著性水平均为1%；引入社会私人资本对旅游总收入、娱乐收入有显著正影响，显著性水分别为5%、1%。对省级森林公园，政府投资对娱乐收入和旅游总人数有显著正影响，显著性水平均为10%；公园自筹资金对旅游总收入、食宿收入、娱乐收入、海外旅游人数有显著正影响，显著性水平均为1%；引入社会私人资本对旅游总收入、娱乐收入和海外旅游人数均有显著正影响，显著性水平分别为10%、1%、1%。对县级森林公园，政府投资对娱乐收入有显著负影响，公园自筹资金对旅游总收入有显著正影响，社会私人资本对门票收入、娱乐收入、旅游总人数和海外旅游人数均有显著正影

响。不同来源投资对不同等级森林公园旅游收入和旅游人次的影响具有显著异质性，与假说3吻合。

基于上述结果，我们发现：第一，不同来源投资对各类旅游收入和旅游人数的影响在不同等级公园中具有显著异质性。第二，对国家级森林公园而言，政府投资减少了国家级森林公园的门票收入，其逻辑是森林公园要想获得较多中央政府资金支持就需要落实中央有关政策要求，降低门票价格；自筹资金主要用于发展旅游，用途较为广泛，带来了旅游人数和各类旅游收入的明显增长；社会私人资本重点投向了娱乐设施和服务供给，充分说明了不同来源资本对国家级森林公园发展旅游的影响显著不同。第三，对省级森林公园而言，政府投资也被用于娱乐项目建设，自筹资金和社会私人资本投资在发展森林旅游方面没有明显差异，说明了省级森林公园对不同来源投资的用途管制较为宽松，政府投资竟然用于发展旅游娱乐项目，也可能是政府投资规模较小，影响了该部分资金的使用，用于重大基础设施建设、环境与生态的保护和修护等均难以产生明显效果，故而投向了短期可以见效的旅游娱乐项目，以期吸引旅游者、增加旅游收入。第四，对于县级森林公园，由于本身样本较少，模型解释力偏低。事实上，县级森林公园在我国森林公园体系中并未占据重要位置，不少省份根本没有统计，有统计的省份获取中央政府资金、自筹资金和引入社会私人资本都比较困难，导致县级森林公园旅游发展水平普遍较低，从模型结果看，不同来源资金对森林旅游收入和人数的影响差异较大，自筹资金能促进旅游总收入增长，而引入社会私人资本能吸引旅游者，从而增加门票收入、娱乐收入。

表3-6 国家级森林公园样本的估计结果

变量名称	Y1	Y2	Y3	Y4	Y5	Y6
X1	0.00702**	-0.0144**	-0.00448	-0.00391	0.000936	-0.00469
	(1.98)	(-2.37)	(-0.62)	(-0.42)	(0.60)	(-0.72)

续表

变量名称	Y1	Y2	Y3	Y4	Y5	Y6
X2	0.0136***	0.0356***	0.0376***	0.0452***	0.00861***	0.0221***
	(3.35)	(5.12)	(4.53)	(4.24)	(4.85)	(2.94)
X3	0.00681*	0.00537	0.00900	0.0332***	0.00164	0.0196***
	(1.78)	(0.82)	(1.15)	(3.29)	(0.98)	(2.76)
控制变量	Yes	Yes	Yes	Yes	Yes	Yes
个体固定	Yes	Yes	Yes	Yes	Yes	Yes
时间固定	Yes	Yes	Yes	Yes	Yes	Yes
R^2 (%)	35.69	7.12	34.92	6.06	9.13	20.73
F test	18.01***	5.40***	18.42***	8.79***	32.54***	7.93***
N	4541	4541	4541	4541	4541	4541

注：（1）括号内为 t 值；（2）*、**、***分别表示在10%、5%、1%的显著性水平下显著。

资料来源：作者计算整理而得。

表3-7　省级森林公园样本的估计结果

变量名称	Y1	Y2	Y3	Y4	Y5	Y6
X1	0.0152**	−0.00967	0.00858	0.0215**	0.00388*	0.00783
	(2.36)	(−1.47)	(1.14)	(2.48)	(1.94)	(1.29)
X2	0.0247***	0.00997	0.0371***	0.0292***	0.00490**	0.0358***
	(3.72)	(1.47)	(4.77)	(3.28)	(2.38)	(5.71)
X3	0.0254***	0.0115	0.0143*	0.0536***	0.00763***	0.0266***
	(3.48)	(1.54)	(1.67)	(5.46)	(3.37)	(3.86)
控制变量	Yes	Yes	Yes	Yes	Yes	Yes
个体固定	Yes	Yes	Yes	Yes	Yes	Yes
时间固定	Yes	Yes	Yes	Yes	Yes	Yes
R^2 (%)	35.42	13.02	47.28	24.80	18.16	11.89
F test	24.58***	11.94***	44.75***	21.78***	40.84***	11.49***
N	5968	5968	5968	5968	5968	5968

注：（1）括号内为 t 值；（2）*、**、***分别表示在10%、5%、1%的显著性水平下显著。

资料来源：作者计算整理而得。

表 3-8　县级森林公园样本的估计结果

变量名称	Y1	Y2	Y3	Y4	Y5	Y6
X1	−0.00227	−0.0228	−0.0357	−0.108[*]	0.00361	0.00108
	（−0.21）	（−0.58）	（−0.71）	（−1.79）	（0.29）	（0.03）
X2	0.0185[**]	−0.0146	0.0293	0.0178	0.00139	0.00209
	（2.19）	（−0.48）	（0.75）	（0.39）	（0.14）	（0.07）
X3	0.0126	0.101[***]	0.0563	0.146[***]	0.0246[**]	0.0723[**]
	（1.27）	（2.86）	（1.23）	（2.68）	（2.19）	（2.13）
控制变量	Yes	Yes	Yes	Yes	Yes	Yes
个体固定	Yes	Yes	Yes	Yes	Yes	Yes
时间固定	Yes	Yes	Yes	Yes	Yes	Yes
R^2（%）	16.19	3.39	0.79	2.09	0.15	1.96
F test	4.75[***]	2.13[***]	1.74[**]	2.99[***]	2.71[***]	1.30
N	392	392	392	392	392	392

注：（1）括号内为 t 值；（2）[*]、[**]、[***]分别表示在 10%、5%、1%的显著性水平下显著。
资料来源：作者计算整理而得。

三、稳健性分析

为进一步确保研究结论的可靠性，我们同样以表 3-2 所报告的固定效应回归结果为基准进行一系列稳健性检验。相应结果在表 3-9、表 3-10 和表 3-11 中进行报告。

首先，为使研究样本更具可比性，删除县级森林公园样本，保留省级及以上森林公园样本。其原因是，国家级森林公园和省级森林公园是全部纳入统计范畴的公园类型，除去个别公园因为整修维护、改扩建等原因闭园或不对外开放而没有纳入样本外，其余森林公园全部进入本章分析样本，而县级森林公园仅有个别省份有统计，大部分省份没有统计县级森林公园，部分省份尚未开展或刚刚开展对县级森林公园的评选认定工作，导致县级森林公园数量偏少，县级森林公园样本仅占全部样本的 3.75%。此外，县级森林公园在占地规模、景观质量、人文历史资源、森林资源、基础设施等方面发展均比较滞后，与省级森林公园难相媲比，更不论国家级森林公园。回归结果在表 3-9 中汇报，与基准情形保持较高一致性。进一步地，使用三类不同来源投资各自占全部投资的比例作为替代变量，考察不同投资占比对各类森林旅游收入和旅游人数的影响，回归结果在表 3-10 中汇报，与基准情形基本一致。最后，为避免三类投资异常值对回归结果的影响，对三类投资最高和最低 1% 的样本进行缩尾处理（Winsorize），回归结果在表 3-11 中报告，研究结果亦保持较高一致性。稳健性检验结果充分说明本章研究结果的稳健性。

表 3-9　稳健性检验结果（1）剔除县级森林公园样本

变量名称	Y1	Y2	Y3	Y4	Y5	Y6
X1	0.0105 ***	− 0.0134 ***	0.00350	0.00912	0.00295 **	0.00267
	(2.84)	(− 2.99)	(0.67)	(1.44)	(2.32)	(0.60)
X2	0.0186 ***	0.0200 ***	0.0386 ***	0.0389 ***	0.00712 ***	0.0300 ***
	(4.61)	(4.11)	(6.80)	(5.67)	(5.15)	(6.22)
X3	0.0152 ***	0.00607	0.0125 **	0.0431 ***	0.00462 ***	0.0230 ***
	(3.70)	(1.22)	(2.16)	(6.17)	(3.29)	(4.68)
控制变量	Yes	Yes	Yes	Yes	Yes	Yes
个体固定	Yes	Yes	Yes	Yes	Yes	Yes
时间固定	Yes	Yes	Yes	Yes	Yes	Yes
R^2（%）	42.95	17.35	50.79	29.53	27.67	19.82
F test	41.74 ***	14.56 ***	68.09 ***	29.97 ***	83.63 ***	21.43 ***
N	10509	10509	10509	10509	10509	10509

注：（1）括号内为 t 值；（2）*、**、*** 分别表示在 10%、5%、1% 的显著性水平下显著。
资料来源：作者计算整理而得。

表 3-10　稳健性检验结果（2）使用投资占比进行回归

变量名称	Y1	Y2	Y3	Y4	Y5	Y6
X11	0.203 **	− 0.222 *	− 0.00387	0.191	0.116 ***	0.350 ***
	(2.16)	(− 1.93)	(− 0.03)	(1.18)	(3.54)	(3.08)

续表

变量名称	Y1	Y2	Y3	Y4	Y5	Y6
X21	0.223***	0.181*	0.397***	0.470***	0.138***	0.522***
	(2.78)	(1.84)	(3.46)	(3.38)	(4.94)	(5.38)
X31	0.293***	0.0531	0.228	0.828***	0.129***	0.680***
	(2.82)	(0.42)	(1.53)	(4.60)	(3.57)	(5.40)
控制变量	Yes	Yes	Yes	Yes	Yes	Yes
个体固定	Yes	Yes	Yes	Yes	Yes	Yes
时间固定	Yes	Yes	Yes	Yes	Yes	Yes
R^2（%）	42.54	17.80	49.71	28.38	27.46	19.09
F test	40.89***	14.27***	66.84***	29.27***	84.01***	20.73***
N	10901	10901	10901	10901	10901	10901

注：（1）括号内为 t 值；（2）*、**、***分别表示在 10%、5%、1%的显著性水平下显著。
资料来源：作者计算整理而得。

表 3-11 稳健性检验结果（3）使用上下缩尾 1%进行回归

变量名称	Y1	Y2	Y3	Y4	Y5	Y6
X1	0.0101***	−0.0138***	0.00227	0.00834	0.00318**	0.00341
	(2.77)	(−3.09)	(0.44)	(1.33)	(2.52)	(0.77)
X2	0.0182***	0.0182***	0.0381***	0.0385***	0.00717***	0.0294***
	(4.64)	(3.80)	(6.81)	(5.69)	(5.25)	(6.19)
X3	0.0146***	0.00779	0.0125**	0.0460***	0.00500***	0.0236***
	(3.64)	(1.59)	(2.18)	(6.64)	(3.59)	(4.87)
控制变量	Yes	Yes	Yes	Yes	Yes	Yes
个体固定	Yes	Yes	Yes	Yes	Yes	Yes
时间固定	Yes	Yes	Yes	Yes	Yes	Yes
R^2（%）	42.90	17.88	50.04	29.30	28.01	19.46
F test	42.34***	14.62***	68.35***	31.55***	84.99***	21.72***
N	10901	10901	10901	10901	10901	10901

注：（1）括号内为 t 值；（2）*、**、***分别表示在 10%、5%、1%的显著性水平下显著。
资料来源：作者计算整理而得。

　　森林旅游作为森林公园的重要功能之一，在当前环境和生态日益受到重视的情况下，正被越来越多的公众接受和喜欢，森林旅游发展呈现蓬勃生机。森林旅游的发展离不开资本支持，作为发展森林旅游主体的森林公园，一般面临三种获得资本的渠道，分别是政府投资、公园自筹资金和引入社会私人资本。不同资本的供给来源不同，追求的投资目标也不相同，政府投资资金主要用于森林公园资源、景观和生态的修复与保护，社会私人资本主要是通过旅游开发获得经济利润，而公园自筹资金兼有上述两类资本的目标追求。通过研究，本章得出如下结论：增加政府投资可以提升森林旅游吸引力，导致旅游总人数和总收入同步增长，但是门票收入会相应减少；政府投资的重点虽然不是为了改善食宿设施条件、供给旅游娱乐设施和服务，但却具有明显的正外部性，对森林旅游发展具有积极影响；公园自筹资金增多可以显著促进旅游总人数和海外旅游人数的增长，同时带来门票收入、食宿收入、娱乐收入及旅游总收入的增长；引入社会私人资本越多，越能吸引国内外游客进入森林公园，同时带来食宿收入、娱乐收入和旅游总收入的增加；减少森林公园对"门票经济"的依赖，既可以加大政府投资，强制要求森林公园降低门票价格，也可以加大引入社会私人资本，通过市场手段供给数量更多、质量更优的旅游设施和服务，增加娱乐收入和食宿收入来弥补门票收入的下降从而实现森林旅游发展转型；不同投资对不同地区、不同等级森林公园的各项旅游收入和旅游人数的影响具有显著异质性。

第四章　景区基础设施对森林公园
旅游发展的影响分析

　　旅游业是典型的绿色产业、生态产业、低碳产业，是建设美丽中国的战略性支柱产业（路琪、石艳，2013），也是广大人民群众的幸福产业和健康产业。在旅游业高速增长成为国民经济战略性支柱产业过程中，森林旅游异军突起。以森林公园为主体发展森林旅游，离不开基础设施支撑。从经济发展的一般经验看，基础设施是社会发展的先行资本，是经济起飞的前提条件（Rosenstein－Rodan，1943；Rostow，1960）。旅游业发展也不例外，基础设施对旅游发展同样发挥着重要作用（Chew，1987；Sharpley，2000；Khadaroo，Seetanah，2008；Hosseini et al.，2015；Irazábal，2018）。但是，考察基础设施对旅游发展影响的研究文献却存在着明显分歧，说明有必要进一步探讨基础设施对旅游发展的影响。

　　与既有研究多使用宏观数据或案例调查不同，本章首次使用微观层面森林公园面板数据，探讨基础设施对旅游发展的影响；与既有研究主要关注交通基础设施，且主要是国家或城市层面的交通基础设施数量和结构不同，本章首次使用森林公园内的交通和食宿等四类基础设施数据研究其对森林旅游的发展。本章尝试回答以下几个关键但目前尚未得到很好回答的问题：什么样的基础设施能够促进森林旅游发展？基础设施对森林旅游发展的影响是否在不同等级公园、不同地区间显著不同？不同基础设施对森林旅游发展的影响有何差异？研究回答这些问题，可以在厘清我国森林公园基础设施状况基础上，明确基础设施与森林旅游发展的关系，以及在不同等级、不同地区森林公园中的异质性，既可丰富基础设施、旅游、森林公园三类主题的相关研究，又可为大力发展森林旅游、找准推动森林旅游高速发展抓手提供有益参考。

第一节　景区基础设施与森林公园旅游 发展的特征分析

一、不同等级森林公园的旅游收入与旅游人数特征

　　森林旅游在森林公园不同等级中存在较强异质性。平均来看，不论是旅游收入，还是旅游人数，国家森林公园都具有绝对优势，不同等级森林公园显著不同。从平均旅游收入看，2010—2016 年，国家级森林公园实现旅游收入均值均从 3112.6 万元持续增长至 7482.7 万元，而同期省级森林公园旅游收入均值从 525.5 万元增至 1472.7 万元，县市级森林公园实现旅游收入均值从 625.1 万元增加至 829.2 万元（见图 2-1）。从平均旅游人数看，国家森林公园平均接待旅游人数远高于省级和县市级森林公园，国家森林公园从 32.1 万人持续增长至 62.7 万人，省级森林公园从 15.5 万人增至 22.9 万人，县市级森林公园反而从 17.9 万人降至 15.2 万人（见图 2-2）。总体看，森林旅游收入与旅游人数在国家森林公园中增长势头稳定强劲，而在省级和县市级森林公园中则表现出较强的波动，增长趋势尚不稳定。森林旅游在地区间的差异同样值得关注。平均来看，不论是旅游收入，还是旅游人数，东部地区均高于中西部地区，但差距并不悬殊，远低于森林旅游在不同等级森林公园中的差异。

从地区角度看，森林公园的旅游收入均值和旅游人数均值在地区之间的差异要弱于国家级和省级、县级森林公园之间的差异。从图 2-3 和图 2-4 可以看出，2010 年，东部地区的森林公园旅游收入均值和旅游人数均值分别为 2960.3 万元和 34.1 万人次；中部地区的森林公园则分别只有 1729.1 万元和 18.3 万人次；西部地区的森林公园则分别只有 1403.5 万元和 24.3 万人次。2016 年，东部地区的森林公园旅游收入均值和旅游人数均值分别达到 5107.4 万元和 45.2 万人次；中部地区森林公园则分别达到 3358.3 万元和 34.4 万人次；西部地区的森林公园则分别达到 3175.9 万元和 37.3 万人次。

二、不同等级森林公园的基础设施特征

森林公园所拥有的基础设施在不同等级、不同地区中也表现出了较强的异质性。从公园拥有的车船、游步道交通基础设施看，一方面，国家级森林公园拥有的交通基础设施均值远高于其他森林公园，省级和县市级森林公园在交通基础设施方面的差异并不明显；另一方面，森林公园车船数量均值在东部、中部和西部地区依次降低，但东部和中部差距不明显，森林公园拥有的游步道数量则是东部地区少于中部和西部地区，中部地区最高（图 4-1 至图 4-8）。从公园拥有的床位、餐位食宿基础设施看，一方面，国家级森林公园的食宿基础设施远多于其他森林公园，省级和县市级森林公园差距不明显；另一方面，森林公园食宿基础设施在地区间的差异并不悬殊，东部和中部在食宿基础设施平均水平上没有本质差异，西部地区略低于东部和中部地区（见图 4-1 至图 4-8）。

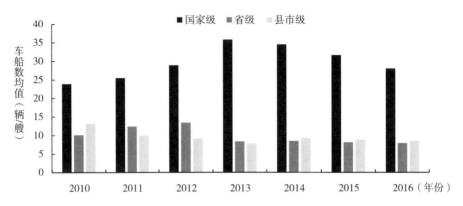

图 4-1　2010—2016 年不同等级森林公园的车船数均值的变动趋势

资料来源：根据国家林业和草原局国有林场和种苗管理司森林公园管理办公室提供数据整理得出。

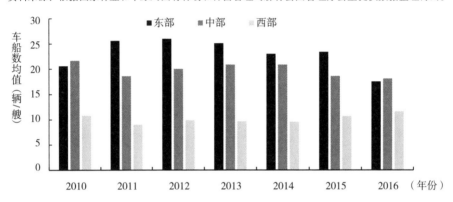

图 4-2　2010—2016 年不同地区森林公园的车船数均值的变动趋势

资料来源：根据国家林业和草原局国有林场和种苗管理司森林公园管理办公室提供数据整理得出。

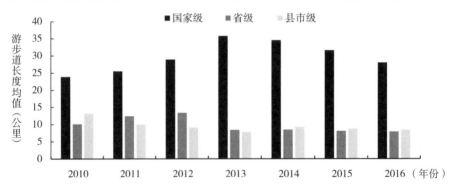

图 4-3　2010—2016 年不同等级森林公园的游步道长度均值的变动趋势

资料来源：根据国家林业和草原局国有林场和种苗管理司森林公园管理办公室提供数据整理得出。

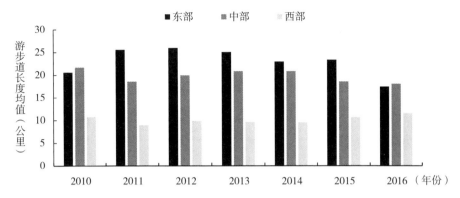

图 4-4　2010—2016 年不同地区森林公园的游步道长度均值的变动趋势

资料来源：根据国家林业和草原局国有林场和种苗管理司森林公园管理办公室提供数据整理得出。

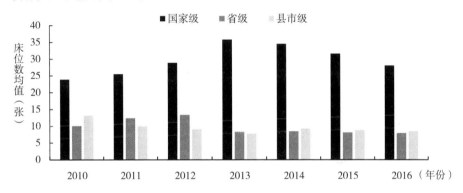

图 4-5　2010—2016 年不同等级森林公园的床位数均值的变动趋势

资料来源：根据国家林业和草原局国有林场和种苗管理司森林公园管理办公室提供数据整理得出。

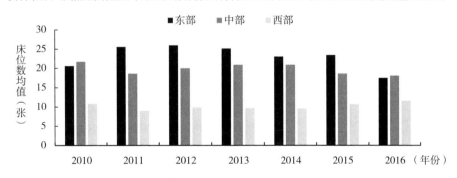

图 4-6　2010—2016 年不同地区森林公园的床位数均值的变动趋势

资料来源：根据国家林业和草原局国有林场和种苗管理司森林公园管理办公室提供数据整理得出。

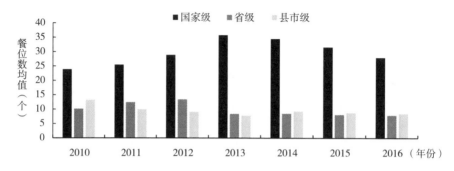

图 4-7　2010—2016 年不同等级森林公园的餐位数均值的变动趋势

资料来源：根据国家林业和草原局国有林场和种苗管理司森林公园管理办公室提供数据整理得出。

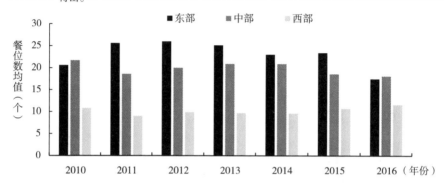

图 4-8　2010—2016 年不同地区森林公园的餐位数均值的变动趋势

资料来源：根据国家林业和草原局国有林场和种苗管理司森林公园管理办公室提供数据整理

三、不同基础设施与森林公园旅游收入和旅游人数的关系特征

　　为了探究不同基础设施与森林公园旅游发展的真实关系，有必要先从数据本身呈现的特征进行分析和识别。一般认为，森林公园基础设施数量与旅游收入、旅游人数的关系保持一致。从其关系的散点图可以发现，均呈现正相关关系，即森林公园的交通、食宿基础设施的数量增加，会带来森林公园旅游收入和旅游人数的增长（见图 4-9）。这与我们的现实观察一致，一方面，基础设施条件较好的森林公园实现的旅游收入和接待的旅游人数也比较多；另一方面，相当多的森林公园在政策许可范围内都在持续增加和改善基础设施的供给数量和质量。从拟合曲线的斜率看，基础设施对旅游人数的影响均大于对旅游收入的影响，反映了基础设施数量对旅游收入和旅游人数的影响差异。

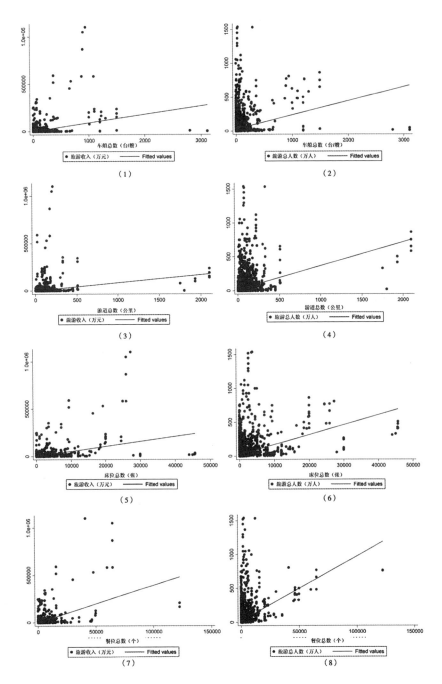

图4-9 森林公园不同类型设施与旅游收入、旅游人数的散点图及拟合曲线

资料来源：根据国家林业和草原局国有林场和种苗管理司森林公园管理办公室提供数据整理绘制。

第二节　景区基础设施影响森林公园旅游
发展的模型设定

一、模型设计

本章依托 2010—2016 年跨度为 7 年的中国森林公园层面数据及森林公园所在城市层面数据来实证研究景区设施建设对森林公园旅游发展的影响，进一步探究景区设施影响森林公园旅游增长的方向及相应机制。为考察景区设施对森林旅游发展的影响，借鉴陈诗一、陈登科（2018），范子英等（2018），罗斯炫等（2018），本章构建如下基准回归模型：

$$Y^k_{it} = \alpha_0 + \sum_j \alpha_j I\text{nfrastructure}_{jit} + \sum_m \beta_m Control_{mit} + \mu_i + \varphi_t + \varepsilon_{it}$$

$$(4-1)$$

其中，Y 表示森林公园 i 在 t 年的旅游发展状况，$k=1$ 表示使用年度旅游收入（2010 年不变价调整）度量，$k=2$ 表示使用旅游人数度量；$Infrastructure$ 表示森林公园 i 在 t 年的设施数量，其系数 α 测度了设施建设对森林旅游的影响，是本章所关注的核心参数，其中 j 表示不同设施的类型，$j=1$，2，3，4 分别表示森林公园的车船交通工具、游步道、住宿设施、餐饮设施，前两个指标反映交通设施，后两个指标反映食宿设施。$Control$ 表示控制变量，分为两类：一是森林公园层面的控制变量，包括公园年度投资额（2010 年不变价调整）、职工人数、导游人数、公园级别、建园时间、公园面积等；二是森林公园所在城市层面的控制变量，包括全市住宿餐饮业从业人数、人口密度、人均 GDP、二产占比、三产占比、地方财政一般预算收支比、城乡居民储蓄年末余额、全市移动电话年末用户数、职工平均工资、年末实有出租车总量、每万人拥有公共汽车数量、绿地面积、公园绿地面积、工业二氧化硫排放量、工业烟尘排放量等，系数 β 表示各个控制变量对森林旅游发展的影响，为了尽可能缓解由于遗漏变量导致的偏误，本章尽可能地增加了控制变量的选择。μ，φ 分别表示森林公园个体、时间维度的固定效应，ε 表示随机扰动项。以上被解释变量、核心解释变量以及一系列控制变量的数据说明与变量描述统计详见表4-1。

二、变量的描述性统计

根据前一节对本章研究所选择模型的说明，主要变量的描述性统计分析结果如表4-1所示。

表4-1 变量描述性统计表

变量名称	度量指标或说明	单位	样本数	中位数	均值	标准差
旅游收入	森林公园旅游总收入	万元	11617	180	2938.5	24303
旅游人数	森林公园旅游总人数	万人	11617	9	31.7	80.3
车船交通工具	拥有旅游车、游船总数	辆/艘	11617	3	18.2	92.7
游步道设施	已建成游道、步道总里程	公里	11617	22	37.3	69.1
住宿设施	园内可住宿床位数量	床	11617	72	462.4	1986.8
餐饮设施	园内固定就餐的餐位数	位	11617	200	834.3	3143
公园投资额	公园年度投资总额	万元	11617	200.9	2297.6	21353
职工人数	森林公园正式职工人数	人	11617	36	85.6	231.1
导游人数	森林公园正式导游人数	人	11617	3	8.9	29.4
公园级别	森林公园等级（国家级、省级、市县级）		11617	2	1.6	0.56
建园时间	森林公园批准设立年份	年	7434	2002	2001	6.84
公园面积	森林公园占地总面积	公顷	8177	2931	10108	29889
住宿餐饮业从业人数	全市住宿餐饮业从业人员数量	万人	10657	0.46	3.0	10
人口密度	全市人口密度	人/平方公里	10657	270.2	341.3	305.3
人均GDP	全市人均地区生产总值	万元	10657	39020	46994	29349

变量名称	度量指标或说明	单位	样本数	中位数	均值	标准差
二产占比	全市二产占全部产业产值的比重	%	10657	48.1	47.9	10.9
三产占比	全市三产占全部产业产值的比重	%	10657	44.9	46	11.0
地方财政一般预算收支比	地方财政一般预算支出占收入的比重		10657	2.1	2.6	1.72
城乡居民储蓄年末余额	城乡居民储蓄年末余额	万元	10657	1.12e+07	2.45e+07	3.84e+07
全市移动电话年末用户数	全市年末统计拥有移动电话的户数	万户	10657	298	510.9	653.8
职工平均工资	全市在岗职工年平均工资	元	10657	45309	46848	17057
年末实有出租车总量	市辖区年末实有运营出租车总量	辆	10657	1673	4625.1	9405.4
每万人拥有公共汽车数量	市辖区每万人拥有公共汽车数量	辆	10657	6.1	7.0	7.3
绿地面积	市辖区绿地面积	公顷	10657	3931	10265	18594
公园绿地面积	市辖区公园内绿地面积	公顷	10657	968	2733	5117.1
工业二氧化硫排放量	全市工业排放二氧化硫总量	吨	10657	53546	89263	135720
工业烟尘排放量	全市工业排放的烟尘总量	吨	10657	25273	46223	160662

资料来源：根据国家林业和草原局国有林场和种苗管理司森林公园管理办公室提供数据整理得出。

第三节　景区基础设施影响森林公园旅游发展的实证分析

一、基准回归

表4-2和表4-3报告了基准模型回归结果。其中，表4-2报告了以森林公园旅游收入为被解释变量的模型结果，表4-3报告了以森林公园接待旅游人数为被解释变量的模型结果。从第1列结果来看，在控制了一系列森林公园层面、所在城市层面控制变量及时间和个体固定效

应后，游步道设施、住宿设施与森林旅游收入、森林旅游人数均显著正相关；餐饮设施与森林旅游人数显著正相关，而与森林旅游收入不相关；车船交通工具与旅游收入和旅游人数均不显著相关。从系数、显著性水平看，游步道设施对森林旅游收入、旅游人数的影响均在1%显著性水平下显著为正，其系数分别为22.866和0.131，而住宿设施对森林旅游收入和旅游人数的影响均在1%显著性水平显著为正，其系数分别为1.128和0.003。

但是，由于我国森林公园设立需要相关行政主管部门认定审批，尤其是国家级森林公园和省级森林公园，批准设立年限对森林公园的影响不可忽视，森林公园设立时间越早，不仅是因为其自然和人文禀赋优于同期其他森林公园，同时还会得到更多的政策与资金支持，因此森林公园设立时间对森林公园各项基础设施及其旅游发展都可能会产生影响。此外，森林公园占地面积也可能对其旅游发展有影响，占地规模越大，发展的空间越大，但同时也会受制于资金约束，可能削弱所提供的基础设施与服务。因此，第2列加入了建园时间、公园面积变量，但是，受公开信息资料限制，数据查找较为困难，仅国家级森林公园全部找到了此二变量数据，其余则不同程度存在缺失，若保留此二变量进行估计，既会导致样本选择偏差，以国家级森林公园为主，又会损失样本规模，近50%样本被排除在外。进一步从模型结果看，关键自变量的显著性与系数均未发生根本改变，仅有餐饮设施变量从不显著变为显著，系数值变大。因此，为兼顾森林公园结构合理、样本丰富，本章基准模型结果以表4-2和表4-3第1列为准，后续异质性分析、稳健性检验等均以此为基准参照。

此外，考虑到园内基础设施对森林旅游的影响可能存在时滞，也为了缓解可能存在反向因果而导致的模型估计偏误，与表4-2和表4-3中第1、2列对应，在第3、4列将四类基础设施变量滞后1期。回归结果表明，前1期交通工具设施对当期森林公园旅游收入和旅游人数的影响依然都不显著，前 1 期游步道设施对森林公园当期旅游收入和旅游人数的影响均在1%显著性水平下显著，且系数为正。一定程度上反映了进入森林公园后，森林旅游者对现代车船交通工具的依赖并不高，更偏爱游步道设施。前 1 期住宿和餐饮设施变量对当期森林旅游收入和旅游人数的影响均在1%显著性水平下显著为正。上述结果说明园内基础设施对旅游收入和旅游人数的影响确实存在一定滞后性，而四个关键基础设施变量的系数和显著性水平并未发生根本改变，说明存在反向因果引发估计偏差的可能性较小，从侧面印证了基准估计结果相对可靠。

表 4-2　以旅游收入为因变量的模型结果

变量名称	（1）	（2）	（3）	（4）
	核心解释变量：基础设施		核心解释变量：滞后一期基础设施	
车船交通工具	0.457 (1.719)	−0.438 (2.413)	1.519 (1.029)	5.429 ** (2.66)
游步道设施	22.866 *** (4.244)	27.898 *** (5.053)	29.854 *** (4.143)	30.96 *** (5.177)
住宿设施	1.128 *** (0.178)	1.110 *** (0.209)	1.388 *** (0.196)	1.134 *** (0.238)
餐饮设施	0.090 (0.060)	0.251 *** (0.071)	0.178 *** (0.066)	0.171 ** (0.086)
年度投资额	−0.017 ** (0.007)	−0.083 *** (0.015)	−0.042 *** (0.007)	−0.191 *** (0.02)
职工人数	18.408 *** (1.091)	15.771 *** (1.357)	27.003 *** (1.45)	36.968 *** (2.057)
导游人数	214.982 *** (7.379)	246.12 *** (8.465)	230.29 *** (7.67)	229.39 *** (9.35)
省级公园	1055.71 (1486.44)	1907.56 (1742.13)	1388.95 (1582.6)	1504.7 (2001.1)
市县级公园	970.65 (2518.09)	1612.17 (13013)	767.77 (2809.89)	0
建园时间		−97.897 (329.62)		−256.06 (624.30)
公园面积		0.035 (1.210)		2.66 (4.56)

续表

变量名称	（1）	（2）	（3）	（4）
	核心解释变量：基础设施		核心解释变量：滞后一期基础设施	
住宿餐饮业从业人数	59.901 *** (21.17)	118.701 *** (31.63)	48.72 ** (23.10)	103.93 *** (36.28)
人口密度	-0.513 (0.921)	-0.790 (1.23)	-0.208 (0.913)	-0.77 (1.27)
人均GDP	0.021 * (0.011)	0.025 * (0.014)	0.021 * (0.012)	0.029 * (0.016)
二产占比	38.546 (54.695)	54.035 (68.398)	19.58 (67.15)	41.96 (90.63)
三产占比	17.748 (55.325)	37.745 (68.95)	15.92 (67.03)	44.73 (89.12)
地方财政一般预算收支比	98.425 (164.69)	126.19 (213.15)	68.537 (204.54)	138.41 (291.63)
城乡居民储蓄年末余额	-0.00004 *** (0.00001)	-0.0001 *** (0.00002)	-0.00003 (0.00003)	-0.00004 (0.00004)
全市移动电话年末用户数	0.864 * (0.472)	1.119 * (0.642)	0.688 (0.487)	1.05 (0.698)
职工平均工资	0.008 (0.010)	0.010 (0.013)	0.012 (0.01)	0.013 (0.013)
年末实有出租车总量	0.061 (0.065)	0.064 (0.096)	0.039 (0.069)	0.011 (0.104)
每万人拥有公共汽车数量	-26.843 (22.807)	-22.12 (25.88)	-25.38 (25.15)	-25.40 (30.76)
绿地面积	0.184 *** (0.047)	0.18 *** (0.058)	0.196 *** (0.055)	0.239 *** (0.073)
公园绿地面积	-0.473 *** (0.162)	-0.499 ** (0.216)	-0.499 ** (0.224)	-0.626 ** (0.313)
工业二氧化硫排放量	-0.002 (0.001)	-0.002 (0.002)	-0.002 (0.001)	-0.001 (0.002)
工业烟尘排放量	0.0004 (0.0007)	0.0007 (0.001)	0.0004 (0.001)	0.0007 (0.001)
常数项	是	是	是	是
时间固定效应	是	是	是	是
公园固定效应	是	是	是	是
观测值数	11670	6756	8222	5369

变量名称	（1）	（2）	（3）	（4）
	核心解释变量：基础设施		核心解释变量：滞后一期基础设施	
观测值组数	2110	1213	1916	1148
调整 R^2	0.3567	0.3344	0.3984	0.0753

注：（1）括号内为 t 值；（2）*、**、*** 分别表示在 10%、5%、1% 的显著性水平下显著。

资料来源：作者计算整理而得。

　　基准模型的固定效应结果显示，总体而言，车船交通工具对森林公园旅游收入、旅游人数不存在显著影响，游步道设施、住宿设施对森林公园旅游收入、旅游人数均有显著影响，餐饮设施仅对旅游人数有显著正影响。为什么车船交通工具对森林旅游影响不显著呢？一方面是森林旅游的自然特性，旅游者更偏好林中徒步的感受，越是崎岖、越是密林深处，越能激发旅游者的兴趣，林中负氧离子浓度远超过市区和机动车内，近年来兴起的森林康养也与之密切相关；另一方面是森林公园的功能属性，早期森林公园主要功能是保护生态环境、保护自然资源，适度开发旅游，而事实上相当多森林公园开发其旅游资源仍非常简单粗放，道路交通基础设施相当滞后，加之进山公路建设成本高昂，还可能破坏森林资源景观，导致公园修建新路的积极性不高，结果造成能通行机动车的道路非常有限。

　　为什么餐饮设施仅对旅游人数有显著积极影响呢？一方面，森林公园不同于其他类型公园，进入林中，相应的配套设施由于成本过高而供给不足，比如自来水供应、餐饮服务供应，绝大部分旅游者解决就餐等问题多依靠天然空地、石板等相对平坦、清洁之地，如果森林公园能多提供一些公共餐位，在其他因素不变的情况下，会带来旅游人数的增加，而由于这些旅游者自行解决就餐，森林公园收入中的餐饮收入就不会因此而增加；另一方面，森林旅游的对象虽然不分男女老幼，但是由于对体能要求较高，公共餐位的供给相当于中途休息设施的供给，餐位增多既改善了旅游者的休息条件和旅游感受，也会带来旅游人数的增长，同样也不会增加森林公园的餐饮收入。综合来看，对森林旅游而言，游步道设施成为影响森林旅游收入、旅游人数的最核心因素，其次是住宿和餐饮设施，车船交通工具对森林旅游收入和旅游人数的影响并不显著。

表4-3 以旅游人数为因变量的模型结果

变量名称	（1）	（2）	（3）	（4）
	核心解释变量：基础设施		核心解释变量：滞后一期基础设施	
车船交通工具	-0.005 （0.006）	-0.005 （0.007）	-0.006 （0.007）	0.011 （0.008）
游步道设施	0.131*** （0.014）	0.098*** （0.016）	0.070*** （0.015）	0.031** （0.016）
住宿设施	0.003*** （0.0006）	0.002*** （0.001）	0.005*** （0.001）	0.001** （0.001）
餐饮设施	0.001*** （0.0002）	0.002*** （0.0002）	0.0005** （0.0002）	0.001** （0.0003）
年度投资额	0.00002 （0.00002）	-0.0001*** （0.00005）	-0.0001** （0.00003）	-0.0003*** （0.0001）
职工人数	0.054*** （0.004）	0.052*** （0.004）	0.100*** （0.005）	0.127*** （0.006）
导游人数	0.144*** （0.024）	0.153*** （0.026）	0.122*** （0.028）	0.072** （0.028）
省级公园	-32.30*** （4.90）	-14.62*** （5.35）	-29.32*** （5.70）	-14.82** （6.05）
市县级公园	-29.42*** （8.30）	27.98 （39.96）	-25.996** （10.12）	0
建园时间		-0.858 （1.012）		-2.19 （1.89）
公园面积		-0.001 （0.004）		0.008 （0.014）
住宿餐饮业从业人数	-0.031 （0.070）	0.432*** （0.097）	-0.007 （0.083）	0.37*** （0.11）
人口密度	-0.003 （0.003）	-0.006 （0.004）	-0.004 （0.003）	-0.005 （0.004）
人均GDP	0.00002 （0.00004）	0.00004 （0.00004）	0.00002 （0.00004）	0.00003 （0.00005）

续表

变量名称	（1）	（2）	（3）	（4）
	核心解释变量：基础设施		核心解释变量：滞后一期基础设施	
二产占比	−0.054 （0.180）	−0.013 （0.210）	−0.129 （0.242）	−0.133 （0.274）
三产占比	−0.100 （0.182）	0.021 （0.212）	−0.212 （0.241）	−0.077 （0.271）
地方财政一般预算收支比	−0.688 （0.542）	−1.063 （0.655）	−0.276 （0.736）	−0.185 （0.88）
城乡居民储蓄年末余额	4.4e-08 （4.8e-08）	1.2e-07** （5.63-08）	−9.6e-08 （1.1e-07）	1.7e-07 （1.3e-07）
全市移动电话年末用户数	0.0004 （0.002）	0.002 （0.002）	−0.00002 （0.002）	0.002 （0.002）
职工平均工资	0.00004 （0.00003）	0.0001 （0.00004）	0.0001* （0.00004）	0.0001* （0.00004）
年末实有出租车总量	−0.0003 （0.0002）	0.0006** （0.0003）	−0.0002 （0.0002）	0.0004 （0.0003）
每万人拥有公共汽车数量	0.027 （0.075）	0.041 （0.079）	0.028 （0.091）	0.059 （0.093）
绿地面积	0.0001 （0.0002）	0.0001 （0.0002）	0.0001 （0.0002）	0.0002 （0.0002）
公园绿地面积	−0.0005 （0.0005）	−0.0005 （0.0007）	0.0004 （0.001）	−0.001 （0.001）
工业二氧化硫排放量	−0.00001*** （4.4e-06）	−0.00002*** （5.9e-06）	−9.99e-06** （4.8e-06）	−0.00002** （6.0e-06）
工业烟尘排放量	2.2e-06 （2.2e-06）	3.5e-06 （3.2e-06）	2.2e-06 （2.4e-06）	3.8e-06 （3.3e-06）
常数项	是	是	是	是
时间固定效应	是	是	是	是
公园固定效应	是	是	是	是
观测值数	11670	6756	8222	5369
观测值组数	2110	1213	1916	1148
调整 R^2	0.2496	0.2007	0.2909	0.0157

注：（1）括号内为 t 值；（2）*、**、*** 分别表示在 10%、5%、1% 的显著性水平下显著。
资料来源：作者计算整理而得。

二、异质性分析

从森林公园自然、人文、历史等维度的软硬设施与所供给的旅游资源和旅游服务看，国家级森林公园显著优于省级森林公园，而省级森林公园又明显优于市县级森林公园，因此，不同等级森林公园具有明显的异质性。那么，理论上，此种异质性可能会导致基础设施对森林公园旅游收入和人数的影响在不同等级森林公园也同样存在。此外，由于我国地域广阔，地区差异悬殊，不同地区森林公园之间的差异可能也比较突出。再次，同一等级森林公园在不同地区也可能明显不同，由于国家森林公园的重要性和代表性，本章仅考虑国家森林公园在不同地区的差异。基于此，本节借助前述基准模型结果，来探讨不同等级森林公园、不同地区森林公园、不同地区国家级森林公园基础设施对森林旅游的异质性影响。

表4-4回归结果报告了基础设施数量对不同等级森林公园旅游收入和旅游人数的影响。不难发现，不同基础设施对森林公园旅游收入和人数的影响在不同等级森林公园中具有明显异质性。从旅游收入角度看，四种基础设施对不同等级森林公园旅游收入的影响显著不同，即是基础设施数量对森林公园旅游收入的影响具有显著异质性。车船交通工具对国家级森林公园旅游收入没有影响，对省级森林公园有显著负影响，对县市级森林公园有显著正影响。游步道设施、住宿和餐饮设施均对国家级森林公园旅游收入有显著正影响，而对省级和县市级森林公园没有影响。因此，森林公园基础设施对其旅游收入的异质性非常明显，要推动不同等级森林公园增加旅游收入，需要考虑这种异质性，对国家级森林公园而言，大力发展游步道设施应当成为首要选择，其次是住宿和餐饮设施，而购买更多的机动车、游船等公共交通工具可能达不到促进旅游发展的预期效果。对省级和县市级森林公园，前者应该减少车船等公共交通工具的供给，后者应适当增加，而对于游步道、住宿和餐饮

设施则并未发现能显著促进旅游收入增长。从旅游人数角度看，基础设施影响旅游人数的异质性主要体现在车船交通工具和餐饮设施上，前者对国家级森林公园无影响，对省级和县市级均有显著负影响，后者对国家级森林公园有显著正影响，对省级森林公园没有显著影响，对县市级则有显著负影响。游步道和住宿设施对旅游人数的影响在不同等级森林公园中并无明显差异。

表4-4　不同等级森林公园样本回归结果

变量名称	(1)	(2)	(3)	(4)	(5)	(6)
	因变量为旅游收入			因变量为旅游人数		
	国家级	省级	县市级	国家级	省级	县市级
车船交通工具	1.35 (2.94)	−3.96** (1.72)	19.10** (8.07)	−0.00004 (0.009)	−0.014** (0.007)	−0.307** (0.133)
游步道设施	29.61*** (6, 20)	−0.353 (6.37)	−3.44 (9.88)	0.099*** (0.019)	0.156*** (0.026)	0.328** (0.163)
住宿设施	0.996*** (0.25)	0.262 (0.381)	−0.39 (0.67)	0.002*** (0.001)	0.009*** (0.002)	0.024** (0.011)
餐饮设施	0.213*** (0.081)	0.034 (0.207)	0.074 (0.167)	0.0013*** (0.0002)	0.0006 (0.001)	−0.008*** (0.003)
控制变量	是	是	是	是	是	是
常数项	是	是	是	是	是	是
时间固定效应	是	是	是	是	是	是
公园固定效应	是	是	是	是	是	是
观测值数	4567	5692	411	4567	5692	411
观测值组数	752	1296	120	752	1296	120
调整 R^2	0.3361	0.5578	0.1198	0.2514	0.0757	0.0236

注：（1）括号内为 t 值；（2）*、**、***分别表示在10%、5%、1%的显著性水平下显著。
资料来源：作者计算整理而得。

　　表4-5回归结果报告了基础设施对不同地区森林公园旅游收入和旅游人数的影响。显见，不同基础设施对森林旅游收入和人数的影响异质性在地区层面也表现得很明显。从旅游收入角度看，基础设施对旅游收入的影响在地区间具有明显的异质性。对东部地区，住宿设施影响显

著为正，餐饮设施影响显著为负，车船交通工具和游步道设施没有显著影响；对中部地区，游步道和住宿设施影响显著为正，餐饮设施影响显著为负，车船交通工具没有显著影响；对西部地区，游步道和餐饮设施影响显著为正，车船交通工具和住宿设施影响显著为负。从旅游人数角度看，对东部地区，只有车船交通工具对旅游人数有显著负影响，其余均是显著正影响；对中部地区，车船交通工具无显著影响，游步道和住宿设施影响显著为正，而餐饮设施影响显著为负；对西部地区，游步道和餐饮设施的影响显著为正，其余没有显著影响。

表4-5 不同地区森林公园样本回归结果

变量名称	（1）	（2）	（3）	（4）	（5）	（6）
	因变量为旅游收入			因变量为旅游人数		
	东部地区	中部地区	西部地区	东部地区	中部地区	西部地区
车船交通工具	−1.826 (2.147)	−5.117 (4.18)	−16.537 * (9.327)	−0.0089 ** (0.004)	0.009 (0.015)	0.0095 (0.056)
游步道设施	−0.611 (12.52)	21.68 *** (3.71)	25.033 ** (12.69)	0.193 *** (0.024)	0.078 *** (0.013)	0.369 *** (0.076)
住宿设施	7.15 *** (0.422)	1.695 *** (0.275)	−0.965 *** (0.295)	0.009 *** (0.0008)	0.005 *** (0.001)	−0.001 (0.002)
餐饮设施	−0.437 *** (0.086)	−0.76 *** (0.118)	1.174 *** (0.201)	0.0008 *** (0.0002)	−0.001 ** (0.0004)	0.005 *** (0.001)
控制变量	是	是	是	是	是	是
常数项	是	是	是	是	是	是
时间固定效应	是	是	是	是	是	是
公园固定效应	是	是	是	是	是	是
观测值数	4055	4118	2497	4055	4118	2497
观测值组数	822	764	524	822	764	524
调整 R^2	0.4295	0.2872	0.4704	0.3192	0.2855	0.1119

注：（1）括号内为 t 值；（2）*、**、*** 分别表示在10%、5%、1%的显著性水平下显著。
资料来源：作者计算整理而得。

表4-6回归结果报告了基础设施对不同地区国家级森林公园旅游收入和人数的影响。同为国家级森林公园，不同地区的基础设施对旅游

收入和旅游人数的影响表现出明显的异质性。从旅游收入角度看，基础设施对旅游收入的影响在地区间具有明显的异质性。对东部地区，游步道、住宿设施影响显著为正，餐饮设施影响显著为负，车船交通工具没有显著影响；对中部地区，游步道、住宿设施影响显著为正，餐饮设施影响显著为负，车船交通工具没有显著影响；对西部地区，游步道和餐饮设施影响显著为正，住宿设施影响显著为负，车船交通工具并无显著影响。从旅游人数角度看，对东部地区，只有车船交通工具对旅游人数无显著影响，其余均是显著正影响；对中部地区，车船交通工具和餐饮设施无影响，游步道和住宿设施影响显著为正；对西部地区，车船交通工具和游步道的影响显著为正，其余无显著影响。

表4-6　不同地区国家级森林公园样本回归结果

变量名称	（1）	（2）	（3）	（4）	（5）	（6）
	因变量为旅游收入			因变量为旅游人数		
	东部地区	中部地区	西部地区	东部地区	中部地区	西部地区
车船交通工具	-1.689 (3.369)	-7.876 (6.122)	-46.182 (28.366)	-0.009 (0.007)	-0.005 (0.020)	0.501*** (0.129)
游步道设施	203.02*** (32.5)	20.52*** (5.512)	47.084** (21.11)	0.509*** (0.064)	0.060*** (0.018)	0.180* (0.096)
住宿设施	9.15*** (0.639)	1.374*** (0.412)	-1.061** (0.443)	0.012*** (0.001)	0.004*** (0.001)	-0.0015 (0.002)
餐饮设施	-0.409*** (0.107)	-0.624*** (0.185)	1.342*** (0.318)	0.0005** (0.0002)	-0.0005 (0.0006)	0.0015 (0.0014)
控制变量	是	是	是	是	是	是
常数项	是	是	是	是	是	是
时间固定效应	是	是	是	是	是	是
公园固定效应	是	是	是	是	是	是
观测值数	1511	1918	1138	1511	1918	1138
观测值组数	242	310	200	242	310	200
调整 R^2	0.3886	0.2746	0.4557	0.1434	0.2482	0.1572

注：（1）括号内为t值；（2）*、**、***分别表示在10%、5%、1%的显著性水平下显著。
资料来源：作者计算整理而得。

三、稳健性检验

为进一步确保研究结论的可靠性，我们同样以上表4-2和表4-3第1列所报告的回归结果为基准进行一系列稳健性检验。相应结果在表4-7中进行报告。

首先，为使研究样本更具可比性，删除市县级森林公园样本，保留省级及以上森林公园样本。其原因是，国家级森林公园和省级森林公园是全部纳入统计范畴的公园类型，除去个别公园因为整修维护、改扩建等原因闭园或不对外开放而没有纳入样本外，其余森林公园全部进入本章分析样本，而市县级森林公园仅有个别省份有统计，大部分省份没有统计市县级森林公园，部分省份尚未开展或刚刚开展对市县级森林公园的评选认定工作，导致市县级森林公园数量偏少，县市级森林公园样本仅占全部样本的3.75%。此外，市县级森林公园在占地规模、景观质量、人文历史资源、森林资源、基础设施等方面发展均比较滞后，与省级森林公园难相媲美，更不论国家级森林公园。回归结果在表4-7中汇报，与基准情形高度一致。

进一步地，为缓解基础设施变量异常值对回归结果的影响，剔除四个基础设施变量最高和最低0.5%的样本，回归结果也在表4-7中报告，研究结果亦基本保持不变。最后，前述工具变量针对的只是核心解释变量，与此相关的一个担心是，控制变量也可能存在"反向因果"所引起的内生性问题，为了排除这一影响，本章将所有控制变量滞后一期，回归结果报告在表4-7中，与基准情形亦无本质差别。稳健性检验结果充分说明本章研究结果的稳健性。

表 4-7　稳健性检验结果

变量名称	（1）	（2）	（3）	（4）	（5）	（6）
	因变量为旅游收入			因变量为旅游人数		
	剔除县市级样本	剔除设施变量最高最低0.5%样本	所有控制变量滞后1期	剔除县市级样本	剔除设施变量最高最低0.5%样本	所有控制变量滞后1期
车船交通工具	0.3052 (1.750)	−7.461 (4.760)	−4.457 (5.455)	−0.0043 (0.0057)	−0.019 (0.016)	0.002 (0.018)
游步道设施	22.794*** (4.327)	38.880*** (6.595)	31.329*** (7.476)	0.130*** (0.014)	0.237*** (0.022)	0.219*** (0.025)
住宿设施	1.117*** (0.181)	0.334 (0.269)	1.013*** (0.314)	0.0034*** (0.0006)	0.003*** (0.001)	0.0033*** (0.001)
餐饮设施	0.089 (0.061)	−0.189 (0.158)	−0.101 (0.182)	0.0013*** (0.0002)	0.003*** (0.0005)	0.0037*** (0.0006)
控制变量	是	是	是	是	是	是
常数项	是	是	是	是	是	是
时间固定效应	是	是	是	是	是	是
公园固定效应	是	是	是	是	是	是
观测值数	10259	10670	8214	10259	10670	8214
观测值组数	2014	2110	1917	2014	2110	1917
调整 R^2	0.3578	0.3365	0.2899	0.2518	0.2441	0.2495

注：（1）剔除设施变量最高最低0.5%的样本是指对车船总数、游道总里程、床位总数、餐位总数同步进行处理；（2）括号内为 t 值；（3）*、**、***分别表示在10%、5%、1%的显著性水平下显著。

资料来源：作者计算整理而得。

　　森林旅游已经成为我国林业重要的朝阳产业、绿色产业、富民产业，也是深受公众青睐的健康产业和幸福产业。作为供给森林旅游最核心主体的森林公园，如何推动森林旅游稳定快速发展成为当前迫切需要明确的重要问题。早在 20 世纪上半期，罗森斯坦·罗丹最早提出了大推动理论，就明确指出基础设施是社会发展的线性资本，应当优先发展，此后，沃尔特·罗斯托也指出基础设施建设是社会发展的先行资本，基础设施发展是实现经济起飞的前提。因此，本章从基础设施角度切入，探讨其对森林公园旅游发展的影响。研究发现：车船交通工具对森林旅游收入和人数均无显著影响，游步道和住宿设施对森林公园旅游收入和人数均有显著正影响，餐饮设施对旅游人数有显著正影响而对旅游收入无影响；不同基础设施对森林旅游收入和人数的影响在不同等级森林公园、不同地区森林公园都表现出了明显的异质性；不同基础设施对不同地区国家级森林公园旅游收入和旅游人数的影响也存在显著差异。

第五章 雾霾污染对森林公园旅游 发展的影响分析

改革开放以来，伴随着经济持续高速增长，我国实现了从旅游短缺型国家到旅游大国的历史性跨越。根据中国旅游业统计公报数据统计，2010—2017 年，国内旅游实现旅游收入从 1.26 万亿元增长到 5.4 万亿元，国内旅游人数从 21.03 亿人次增长到 50.01 亿人次，年均增长率分别为 23.13%、13.12%。在此期间，以 $PM_{2.5}$ 和 PM_{10} 为主要构成的雾霾污染也同时变得越发严重，特别是 2013 年以来，"十面霾伏"蔓延至 25 个省份、100 多个大中城市。此后，一系列治理雾霾污染的重大举措不断出台，防范和治理污染的监管和惩罚日趋严格，雾霾污染势头逐步得到控制，蓝天、白云逐渐成为常态。难以理解的是，严重且频发的雾霾污染似乎并没有阻碍旅游业发展，旅游收入和旅游人数都在稳步增长，而不少研究（Goh，2012；Sabir et al.，2013；Sajjad et al.，2014；Zhang et al.，2015；张馨芳，2015；张晨等，2017；谢佳慧等，2017；刘嘉毅等，2018）却发现雾霾污染对旅游人数和旅游收入均有显著的负面影响。

目前，雾霾污染威胁人体健康已成为社会共识，例如，雾霾中的 $PM_{2.5}$ 能穿透人体肺部而引发严重疾病（Rupp，2009）。若旅游者暴露在雾霾空气中肯定会受到雾霾影响，进而影响其旅游选择，那么采取个体防护性措施、选择没有雾霾的目的地、对雾霾有减缓抑制作用的森林、甚至放弃旅游等，都可以有效规避雾霾对健康的危害。在此背景下，有一类旅游业态方兴未艾、呈现蓬勃发展的态势，即是森林旅游。森林旅游主要依托森林公园，其独特的自然资源禀赋，特别是丰富的森林资源为森林旅游发展奠定了丰厚的基础。而且森林具有明显降低 $PM_{2.5}$ 浓度的作用（Zheng et al., 2019），同时可以提供富氧的环境、洁净的空气、丰富的负氧离子和植物精气等，即便是在雾霾天气，也能给旅游者提供一种清新的、健康的旅游体验，减少雾霾对身体的危害。此外，森林中丰富的芬多精（植物杀菌素）能够有效缓解与精神压力有关的疾病，使人心理处于放松状态，且能通过 NK 细胞消灭肿瘤细胞（丛丽、张玉钧，2016）。基于此，我们不禁要问，雾霾污染会促进森林旅游增长吗？在不同地区、不同等级森林公园中具有异质性吗？研究回答这些问题，具有重要的意义，有助于梳理雾霾污染和森林旅游的关系，丰富既有雾霾污染与旅游关系的相关研究。

第一节　雾霾污染影响森林公园旅游
发展的理论分析

雾霾作为一种成分复杂的空气污染形式，一旦形成，则会严重影响了人们的健康状况和生产生活。雾霾的成因是极为复杂的，与"高耗能、高排放、高污染"的粗放发展方式密切相关，粗放且快速的经济增长既带来了人们收入和生活水平的快速提升，也带来了严重的环境污染问题。这种发展与污染的矛盾，在经济社会发展中长期存在，影响了经济社会发展质量，针对雾霾污染问题，近年来，国家不断强化生态保护，推动污染治理取得了突出成效。但是雾霾污染问题仍时有发生，凸显了污染治理的长期性和艰巨性，需建立和加强常态化污染治理机制，从根本上转变经济发展方式，推动绿色发展。但是，旅游作为一种重要的生活内容和方式，正是由于经济快速发展带给人们生活内容的扩充和生活方式的转变，环境污染带给旅游的挑战与日俱增。从雾霾污染的影响看，城市内的旅游活动特别是暴露在室外的旅游活动，很难规避和防范雾霾污染的负面影响，相比之下，依托森林公园开展的森林旅游由于丰富的乔灌草资源，且多数森林公园远离雾霾污染较为严重的市区，能够在严重的雾霾污染天气为人们提供一种相对清新、舒适、干净的旅游环境和户外体验，规避雾霾污染的不利影响。

从供给视角看，依托丰富森林资源发展森林旅游的森林公园，天然具有减缓乃至消除雾霾污染的功能，为进入森林公园的游客提供一种良好、干净的游憩环境，与此同时，森林公园丰富的植被资源又会散发出对健康有益的负氧离子、芬多精等，提升身在其中游客的感官感受和身体机能。此外，森林公园一般远离城市中心，空间距离也会在一定程度上弱化雾霾污染的负面影响，从而增加森林公园对游客的吸引力，促使游客更愿意选择去森林公园。基于此，提出假说1：

假说1a：随着雾霾污染的加重，森林公园的旅游人数会显著增加。

假说1b：随着雾霾污染的加重，森林公园的旅游收入也会出现显著增长。

从需求视角看，广大人民对于旅游的需求不断增长，收入增加带来的选择扩张不仅是物质产品，同时更多地在向精神产品和服务延伸，旅游就是其中重要的选择之一。尤其是近些年来，从城市到乡村、各行各业的从业者们越来越多地参与到旅游的活动中，推动着旅游产业的发展、旅游目的地的增多、旅游形式和内容的丰富，森林公园因其自然资源的优势也备受青睐。特别是，由于环境污染的负面影响，旅游者对能够减缓和避免污染的旅游目的地选择更为偏爱，极大促进了森林公园旅游的发展。森林旅游的发展也推动了森林公园相关旅游设施供给的丰富，宾馆酒店、休闲娱乐设施等供给在数量增长的同时，品质也在快速改善。然而，也有不少森林公园依托独具特色的自然资源和景观，启动了相对封闭的运行，"门票经济"成为森林公园的收入支柱，而对其他旅游活动和资源的开发相对弱化和滞后，直接影响了森林公园发展旅游的质量和效益。理论上，森林公园增加旅游设施、资源和服务的供给，有利于吸引更多的游客，也有利于让更多的游客停下来、住下来，实现森林旅游的深化。在雾霾污染较为严重的情况下，这些设施和服务的供给则会明显增强森林公园对旅游者的吸引力，进而提升森林公园的旅游绩效。基于此，提出假说2：

假说2a：雾霾污染的加重会促进森林公园门票收入增加。

假说2b：雾霾污染的加重会促进森林公园食宿收入增加。

假说2c：雾霾污染的加重会促进森林公园娱乐收入增加。

由于不同地区、不同等级森林公园差异悬殊，受雾霾污染的影响也显著不同。例如，在广大西部地区的森林公园，不论是哪一等级的森林公园，几乎不受雾霾污染的影响，相比之下，在中东部地区，不少地方受雾霾污染比较严重，森林公园难以置身事外，都会不同程度受到雾霾污染的影响，不仅如此，由于不同等级森林公园所拥有的自然资源禀赋和质量也存在显著差异，国家级森林公园远远优于省级和县市级森林公园，对于雾霾污染的缓解和减弱就明显不同。基于此，提出假说3：

假说3：在其他因素保持不变的情况下，雾霾污染对森林公园旅游收入和旅游人数的影响存在显著的地区和等级异质性。

第二节　雾霾污染影响森林公园旅游发展的模型设定

一、模型设计

本章依托2010—2016年跨度7年的中国森林公园旅游数据，按照其所在地级市及以上城市与城市宏观数据、雾霾污染数据相结合，构建整合的面板数据，来实证研究城市雾霾污染水平对森林公园发展森林旅游的影响，同时探究雾霾污染对森林旅游影响的异质性。为考察城市雾霾水平对森林旅游发展的影响，借鉴陈诗一、陈登科（2018），范子英等（2018），罗斯炫等（2018），本章构建如下基准回归模型：

$$\ln Y^k{}_{it} = \alpha_0 + \sum_m \alpha_m \ln \mathrm{Smog}_{mit} + \sum_n \beta_n Control_{nit} + \mu_i + \varphi_t + \varepsilon_{it}$$

(5-1)

其中，Y 表示森林公园 i 在 t 年的森林旅游发展指标，$k = 1$，2，3，4 分别表示使用年度森林旅游总收入、门票收入、食宿收入、娱乐收入（2010 年不变价调整）度量，$k = 5$，6 表示使用森林旅游总人数、海外旅游人数；$Smog$ 表示森林公园 i 所在城市在 t 年的雾霾污染水平，由于 PM2.5 是雾霾污染的"罪魁祸首"，因此使用 PM2.5 浓度相关指标进行测度，$m = 1$，2 分别表示使用 PM2.5 浓度观测值的均值和方差来衡量，其系数 α 测度了雾霾污染水平对森林旅游的影响，是本章所关注的核心参数。$Control$ 表示控制变量，包括森林公园层面的年度投资总额（2010 年不变价调整）、森林公园职工总数、导游人数、车船交通工具数量、游步道距离、床位数量、餐位数量；城市层面的城市人口密度、人均 GDP、二产占比、三产占比、职工平均工资、年末实有出租车总量等，除了二产占比和三产占比之外，其余均采用对数形式进入模型，系数 β 表示各个控制变量对森林旅游发展的影响。μ，φ 分别表示森林公园个体维度、时间维度的固定效应，ε 表示随机扰动项。在估计方法上，为了尽可能缓解由于遗漏变量导致的偏误，采用个体效应和时间效应双固定的面板模型。以上被解释变量、核心解释变量的数据说明与变量描述统计详见表 5-1。

表 5-1　主要变量描述性统计结果

变量名称	变量处理	原单位	组别	均值	标准差	最小值	最大值	观测值
森林公园旅游总收入	对数化*	万元	整体	4.17	4.33	-6.91	13.91	N=10901
			组间		4.37	-6.91	13.46	n=2122
			组内		1.71	-7.76	15.32	T-bar=5.137
森林公园门票收入	对数化*	万元	整体	-0.30	6.00	-6.91	11.74	N=10901
			组间		5.66	-6.91	11.17	n=2122
			组内		2.02	-13.37	11.28	T-bar=5.137
森林公园食宿收入	对数化*	万元	整体	1.41	5.63	-6.91	13.54	N=10901
			组间		5.20	-6.91	12.89	n=2122
			组内		2.51	-10.50	13.60	T-bar=5.137
森林公园娱乐收入	对数化*	万元	整体	-2.10	5.61	-6.91	11.85	N=10901
			组间		4.77	-6.91	10.75	n=2122
			组内		2.92	-14.56	11.82	T-bar=5.137
森林旅游总人数	对数化	万人	整体	2.10	1.74	-5.30	7.34	N=10901
			组间		1.69	-3.51	7.19	n=2122
			组内		0.62	-2.41	5.77	T-bar=5.137
森林旅游海外游客数	对数化**	万人	整体	-5.92	4.15	-9.21	5.31	N=10901
			组间		3.52	-9.21	4.45	n=2122
			组内		2.02	-15.16	3.61	T-bar=5.137
PM2.5浓度均值	对数化	毫克/立方米	整体	3.49	0.45	1.05	4.46	N=10901
			组间		0.44	1.14	4.34	n=2122
			组内		0.11	2.88	4.28	T-bar=5.137
PM2.5浓度方差	对数化		整体	1.35	0.59	-0.84	3.17	N=10901
			组间		0.56	-0.77	3.02	n=2122
			组内		0.19	-0.48	2.71	T-bar=5.137

注：*表示该变量原始值存在零值，为了避免取对数后得不出具体数值而造成样本损失，故采用原始值+0.001后再取对数，选择0.001是因为变量单位是万元，相当于每个城市森林旅游相关的收入或投资同步增加10元钱，增加比例非常微小，基本不构成对原有数值分布和结构的重要影响，同时避免了样本的损失。例如，由于免门票的森林公园日趋增多而门票收入可能不存在，还有一定比例的森林公园没有食宿和娱乐项目，也没有此类收入，在样本中该变量数值均为0。**表示该变量原始值存在较多零值，采用原始值+0.0001后再取对数，由于原变量单位是万人次，相当于该变量同步增加1人次，基本对变量没有影响，再取对数，可以避免零值取对数造成的样本损失。

资料来源：根据国家林业和草原局国有林场和种苗管理司森林公园管理办公室提供数据整理得出。

二、数据来源说明

本章使用数据部分来源于国家林业和草原局森林公园管理办公室、

《中国城市统计年鉴》（2011—2017 年），根据森林公园所在城市将两套数据整合成一套数据，样本时间跨度为 2010—2016 年。[①] 森林旅游依托森林公园开展，目前我国有统计信息的森林公园包括 3392 家森林公园，其中国家级森林公园 828 家、省级森林公园 1457 家，市县级森林公园 1107 家。一方面，由于部分森林公园存在停业整顿、改建或扩建、闭园维修、未开园、基础设施整修等情况，部分森林公园森林旅游数据缺失严重；另一方面，由于中国城市统计年鉴对与地级市平级的民族州、自治州等缺少相关数据，个别偏远落后地区数据完整性较差，因此，本章按照以下原则对原始数据进行剔除：（1）旅游人数为 0；（2）森林公园职工人数为 0；（3）森林旅游总收入与门票收入、食宿收入、娱乐收入之和不相等；（4）人口密度为 0；（5）人均 GDP 为 0；（6）地方财政一般预算收入为 0；（7）城市在岗职工人数为 0。

此外，本章使用雾霾（以 $PM_{2.5}$ 浓度测度）数据来源于哥伦比亚大学社会经济数据和应用中心公布的、基于卫星监测的全球 $PM_{2.5}$ 浓度年均值的栅格数据（van Donkelaar et al., 2015）。该数据使用 ArcGIS10.5 覆膜提取工具对卫星监测的 $PM_{2.5}$ 密度图进行解析提取，根据监测数据分年度、分城市转化，获得城市层面的 $PM_{2.5}$ 浓度的年度平均数据，数据时段为 1998—2016 年，本章使用 2010—2016 年数据。尽管卫星数据监测过程会受到气象因素的影响，使其准确程度可能略低于地面实际监测数据，但 $PM_{2.5}$ 浓度即便是在同一个城市，也会存在空间分布上的差异，而地面监测数据也只能基于点源数据对某个地区的 $PM_{2.5}$ 农户提供"以点带面"的粗略反映，也难以准确反映该地区整体的 $PM_{2.5}$ 浓度（邵帅等，2016）。鉴于使用单一来源 $PM_{2.5}$ 浓度准确反映某一地区污染状况困难较大，陈诗一等（2018）综合运用间接的卫星监测数据和直

---

① 森林公园层面数据包括全部国家级森林公园和省级森林公园，以及有上报数据的部分县市森林公园，由于部分森林公园存在修缮、改扩建、闭园等情况暂时没有向公众开园，旅游相关数据没有纳入统计，此类公园由于数据缺失问题没有进入计量分析的样本。

接的地面监测数据，同时采用两阶段空间统计学模型进行优化，获得更为接近中国雾霾污染水平的真实值。所使用数据来源于 Ma 等（2016），数据类型为经纬度栅格数据，通过将卫星和地面监测数据同时纳入两阶段空间统计学模型测算得到，进而使用 ArcGIS 软件将此栅格数据解析为 2004—2013 年中国 286 个地级以上城市 PM$_{2.5}$ 浓度数据，该数据主要在非经济领域研究中使用，陈诗一等（2018）首次将其引入到经济学研究中，但该数据只到 2013 年，其后的数据无法获得，与本章研究样本时段 2010—2016 重叠时段较短，使用效率偏低。因此，由于数据获取限制，本章使用卫星监测数据解析之后在地级以上城市的提取数据，时间范围为 2010—2016 年。

第三节　雾霾污染影响森林公园旅游发展的计量分析

一、基准模型结果

表 5-2 报告了基准模型式（5-1）的回归结果。其中，第 1 至第 6 列分别表示以森林公园旅游总收入、门票收入、食宿收入、娱乐收入、游客总数、海外游客总数为因变量的模型结果。在控制了一系列森林公园层面、城市层面控制变量及时间效应和个体效应后，PM$_{2.5}$浓度均值对森林旅游总收入、门票收入、食宿收入均有显著正影响，显著性水平为 10%，验证了假说 1b、假说 2a、假说 2b，对娱乐收入影响不显著，对旅游总人数具有显著负影响，与假说 1a 正好相反，显著性水平为 10%，对海外游客总数影响不显著。PM$_{2.5}$浓度方差仅对食宿收入有显著负影响，显著性水平为 5%，其余皆不显著。

这一结果可以理解为：第一，雾霾污染已经显著地提高了森林公园的旅游总收入、门票收入和食宿收入，说明由于雾霾污染的存在，旅游者愿意在森林公园中停留更长时间、消费更多项目。对于森林公园发展森林旅游，一般而言，只要旅游者能来公园，完全不给森林公园带来任何收入的概率并不高，而对于住下来的旅游者，其消费则会更多。由于雾霾污染减少了森林旅游人数规模，但却能带来森林旅游总收入、门票收入和食宿收入的显著增加，说明了愿意在森林公园住下的旅游者逐渐增多，愿意为森林公园内部旅游资源支付门票的旅游者也在增多，例如，有的森林公园在大门口仅收很低的门票，而在公园内部则供给了多种多类的旅游资源和服务，但需要额外的进入门票，而对于住在森林公园的旅游者，这些额外门票相较于来此旅游的交通费等开支则显得微不足道，此时，选择消费这些旅游资源和服务则是一种相对更为经济理性的选择。也有的森林公园，面积较大，山峰较高，旅游者完全依靠自身体力并不适合所有旅游者，比如缆车服务、小客车接送服务、游船服务等，也都需要相应门票，此时，合理分配体力，适当购买服务，就成了大多数旅游者的理性选择，结果使得森林公园门票收入会有显著增加。

第二，雾霾污染导致了森林旅游总人数显著减少，部分有意愿的旅游者没有付诸行动。既可能是因为潜在旅游者对雾霾污染的健康风险感知较高，也可能是因为森林公园在旅游设施、项目、功能及服务等方面可能还存在主要依靠森林资源、自然风光、历史景点等相对单一旅游资源、缺少相关旅游资源的配套、缺乏旅游经营的创新，在满足旅游者多样化、个性化需求方面还存在一定差距。此外，森林可以明显地降霾减霾、清新空气，林中的生物精气、芬多精、负氧离子等对人体身心健康、部分疾病等具有良好功效和疗效，但是，这些优势并没有真正转化为森林旅游的卖点，严重的雾霾污染也没有吸引更多的旅游者转向森林旅游。

第三，本章发现了雾霾污染有利于旅游收入增加的微观证据，这与既有研究存在显著差异。有研究发现空气污染会显著提升旅游者的风险感知水平，进而会影响旅游目的地的旅游发展（Zhang et al.，2015；Fuchs，Reichel，2014）。刘嘉毅等（2018），谢佳慧等（2017），阎友兵、张静（2016）等均发现包括雾霾在内的空气污染对中国入境游产生了显著的负影响，也有学者研究了世界多个地区的旅游业后发现，气候变化和空气污染确实对旅游业产生了显著的负面影响（Sajjad et al.，2014）。由此可见，一方面，森林旅游与其他类型旅游的异质性确实存在；另一方面，森林旅游依托高质量的森林资源可以在一定程度上减少旅游者对雾霾污染等环境问题的风险感知水平，在环境问题没有明显改善的情况下，由于森林确实具有明显地减轻乃至消除雾霾等污染的作用（殷杉、刘春江，2013；韩晔、周忠学，2015；贺爽等，2016；Zheng et al.，2019），从目前森林公园层面数据的计量结果中，本章也发现雾霾污染的加重会带来森林旅游收入的显著增长，但是也显著减少了旅游总人数，即是雾霾污染降低了森林公园旅游者规模的同时却带了旅游收入的增长，进入森林公园的旅游者成为旅游收入增长的主要贡献者。控制变量中，森林公园层面的投资额、员工数、导游数及交通食宿等基础设施均对森林旅游收入提高和人数增长有显著的正影响。城市层面的第三产业产值占比对森林公园旅游总收入具有显著负影响；第二产业产值占比、人均 GDP、职工平均工资分别对森林公园门票收入有显著正影响、负影响、负影响；人口密度、人均 GDP、城市营运出租车数量分别对森林公园娱乐收入具有显著正影响、正影响和负影响；第二产业产值占比对森林公园接待游客总数有积极影响。

表5-2　基准模型估计结果

变量名称	（1） 旅游总收入	（2） 门票收入	（3） 食宿收入	（4） 娱乐收入	（5） 游客总数	（6） 海外游客总数
PM$_{2.5}$浓度均值	0.378*	0.462*	0.507*	0.236	-0.130*	0.0413
	(1.86)	(1.86)	(1.75)	(0.67)	(-1.84)	(0.17)

续表

变量名称	（1） 旅游 总收入	（2） 门票收入	（3） 食宿收入	（4） 娱乐收入	（5） 游客总数	（6） 海外游 客总数
PM$_{2.5}$浓度方差	−0.0630	0.0463	−0.355**	0.164	0.0102	−0.0295
	（−0.55）	（0.33）	（−2.19）	（0.83）	（0.26）	（−0.21）
投资总额	0.0287***	0.00584	0.0296***	0.0466***	0.0151***	0.0465***
	（4.69）	（0.78）	（3.38）	（4.40）	（7.11）	（6.28）
员工数	0.187***	0.155***	0.110**	0.00626	0.0843***	0.0932**
	（4.82）	（3.26）	（1.98）	（0.09）	（6.25）	（1.98）
导游数	0.177***	0.336***	0.154***	0.334***	0.112***	0.384***
	（4.84）	（7.49）	（2.95）	（5.28）	（8.81）	（8.68）
车船数量	0.160***	0.157***	0.138***	0.562***	0.0507***	0.239***
	（4.90）	（3.93）	（2.97）	（9.97）	（4.49）	（6.08）
游道长度	0.0782***	−0.0226	0.0728***	0.139***	0.0427***	0.0293
	（4.11）	（−0.97）	（2.67）	（4.21）	（6.46）	（1.27）
床位数	0.128***	0.148***	0.343***	0.313***	0.0237***	0.139***
	（5.40）	（5.11）	（10.11）	（7.63）	（2.87）	（4.85）
餐位数	0.265***	0.0253	0.575***	0.188***	0.0529***	0.0421*
	（12.93）	（1.01）	（19.65）	（5.31）	（7.45）	（1.70）
城市人口	0.529**	−0.0398	0.492	0.715	−0.156*	0.308
	（2.00）	（−0.12）	（1.30）	（1.57）	（−1.71）	（0.97）
城市人均GDP	−0.346*	−0.930***	−0.847***	0.0303	−0.152**	0.0809
	（−1.70）	（−3.74）	（−2.91）	（0.09）	（−2.15）	（0.33）
城市二产占比	0.0246	0.0413**	0.0378*	0.0463*	0.0149***	0.0276
	（1.57）	（2.15）	（1.68）	（1.70）	（2.73）	（1.45）
城市三产占比	0.00623	−0.00177	0.0264	0.0665**	0.00916	0.0515**
	（0.35）	（−0.08）	（1.04）	（2.17）	（1.49）	（2.40）
职工年平均工资	0.0591	−0.0735	0.0116	−0.0731	0.0396	−0.391**
	（0.47）	（−0.48）	（0.06）	（−0.34）	（0.90）	（−2.56）
城市营运出租车数量	−0.175*	−0.104	−0.0193	−0.695***	0.0149	−0.350***
	（−1.75）	（−0.85）	（−0.13）	（−4.02）	（0.43）	（−2.90）

变量名称	（1） 旅游 总收入	（2） 门票收入	（3） 食宿收入	（4） 娱乐收入	（5） 游客总数	（6） 海外游 客总数
	（3.06）	（1.90）	（1.32）	（-0.98）	（12.72）	（2.67）
常数项	-1.035	6.059**	-2.053	-10.06**	1.884**	-6.347**
	（-0.44）	（2.11）	（-0.61）	（-2.48）	（2.31）	（-2.23）
个体固定	是	是	是	是	是	是
时间固定	是	是	是	是	是	是
R^2（%）	42.51	20.89	49.29	28.08	26.61	20.90
F test	43.59***	14.14***	69.78***	30.43***	89.70***	21.74***
N	10901	10901	10901	10901	10901	10901

注：括号内为 t 值；*、**、*** 分别表示在 10%、5%、1% 的显著性水平下显著。
资料来源：作者计算整理而得。

二、异质性分析

　　森林公园异质性一方面体现在等级上，从森林公园自然、人文、历史等维度的软硬件设施与所供给的旅游资源和服务看，国家级森林公园显著优于省级森林公园，而省级森林公园又明显优于市县级森林公园。理论上，此种异质性可能会导致雾霾污染对各类旅游收入和游客量的影响在不同等级森林公园也同样存在，即，国家级森林公园由于数量有限、森林资源丰富、特质性强等特点，受到雾霾污染的影响可能较小甚至不受影响，而其他省级、县市级森林公园可能会受到较多影响。森林公园异质性另一方面体现在地区上，由于我国地域广阔、差异悬殊，受地形地貌、气候环境等影响，不同地区森林公园之间的差异突出。此外，我国受雾霾污染较为严重的地区主要集中在东部和中部。基于此，本节以上述基准模型为参照，探讨不同等级、不同地区森林公园所在地区雾霾污染对森林旅游的异质性影响。

　　表 5-3、表 5-4 回归结果分别依次报告了雾霾污染对国家级、省级

森林公园的旅游总收入、门票收入、食宿收入、娱乐收入、旅游总人数、海外旅游人数的影响。根据模型结果，对国家级森林公园样本，PM$_{2.5}$浓度均值对食宿收入有显著正影响，显著性水平为10%，对旅游总人数有显著负影响，显著性水平为1%；PM$_{2.5}$浓度方差对门票收入有显著正影响，对食宿收入有显著负影响，对旅游总人数有显著正影响。对省级森林公园样本，PM$_{2.5}$浓度均值对旅游总收入具有显著正影响，显著性水平为5%，PM$_{2.5}$浓度方差仅对食宿收入有显著负影响。对县市级森林公园，雾霾污染变量均不显著，如表5-5所示。部分证实了假说3。

　　基于上述结果，第一，不同等级森林公园受到雾霾污染的影响存在显著异质性，国家级森林公园受到的影响显著不同于省级森林公园，而县市级森林公园不受影响。第二，雾霾污染均值提高，增加了国家级森林公园的食宿收入，说明由于雾霾污染水平加重，旅游者在国家级森林公园的食宿消费明显增加，由于森林具有显著减霾降霾功能，待在森林公园里受到雾霾的负面影响会大幅减少，也有可能是食宿价格上涨带来收入增加，但是根据与北京、山西、山东等地多家国家级森林公园管理人员电话访谈证实，由于雾霾天气多发，没有一家因为雾霾天气而对食宿消费提价。第三，雾霾污染均值的提高，增加了省级森林公园的旅游总收入，但对具体收入类型均无显著影响，可能是因为分项统计的收入受雾霾污染影响变化幅度较小，表现在回归结果上即是不显著，但是加总后的旅游总收入受雾霾影响的变化幅度会增大，表现在回归结果上即是显著。第四，雾霾污染显著影响了森林旅游总人数，在PM$_{2.5}$浓度波动一样的情况下，PM$_{2.5}$浓度均值越高，旅游总人数越少，说明了雾霾污染的加重会减少旅游者规模，即便是有森林的减霾功能，旅游者对雾霾污染的感知风险仍然较高，对于想去未去的旅游者，严重的雾霾污染可能促使其放弃旅游；而在PM$_{2.5}$浓度均值一样的情况下，PM$_{2.5}$浓度波动越大，即是严重雾霾污染和高度清洁天气均较多出现时，森林旅游总人数会显著增加，但此时存在一个明显的困难：到底是严重的雾霾污染促使旅游者更多地前往森林公园，还是高度洁净的空气促使旅游者更多地前往森林公园？以本章目前的数据资料和回归结果无法对此进行识别判断，有待进一步研究。

表5-3　国家级森林公园样本的估计结果

变量名称	（1）旅游总收入	（2）门票收入	（3）食宿收入	（4）娱乐收入	（5）游客总数	（6）海外游客总数
PM$_{2.5}$浓度均值	-0.0872	0.129	0.700*	0.602	-0.292***	-0.0239
	（-0.42）	（0.36）	（1.65）	（1.11）	（-3.23）	（-0.06）
PM$_{2.5}$浓度方差	0.103	0.409*	-0.505**	-0.143	0.116**	-0.0130
	（0.83）	（1.92）	（-1.98）	（-0.44）	（2.12）	（-0.06）
控制变量	是	是	是	是	是	是
个体固定	是	是	是	是	是	是
时间固定	是	是	是	是	是	是
R^2（%）	31.69	15.12	36.70	12.30	7.34	18.71
F test	21.66***	6.83***	25.48***	10.56***	44.43***	11.45***
N	4541	4541	4541	4541	4541	4541

注：括号内为t值；*、**、***分别表示在10%、5%、1%的显著性水平下显著。
资料来源：作者计算整理而得。

表5-4　省级森林公园样本的估计结果

变量名称	（1）旅游总收入	（2）门票收入	（3）食宿收入	（4）娱乐收入	（5）游客总数	（6）海外游客总数
PM$_{2.5}$浓度均值	0.768**	0.561	0.496	0.0732	-0.00639	-0.0888
	（2.16）	（1.55）	（1.20）	（0.15）	（-0.06）	（-0.27）
PM$_{2.5}$浓度方差	-0.301	-0.179	-0.367*	0.376	-0.0832	-0.108
	（-1.63）	（-0.95）	（-1.70）	（1.51）	（-1.46）	（-0.62）
控制变量	是	是	是	是	是	是
个体固定	是	是	是	是	是	是
时间固定	是	是	是	是	是	是

续表

变量名称	（1） 旅游 总收入	（2） 门票收入	（3） 食宿收入	（4） 娱乐收入	（5） 游客总数	（6） 海外游 客总数
R^2（%）	33.38	14.52	46.71	24.15	19.73	12.99
F test	24.97***	11.95***	46.15***	21.05***	43.52***	11.53***
N	5968	5968	5968	5968	5968	5968

注：括号内为 t 值；*、**、*** 分别表示在 10%、5%、1%的显著性水平下显著。
资料来源：作者计算整理而得。

表5-5　县市级级森林公园样本的估计结果

变量名称	（1） 旅游 总收入	（2） 门票收入	（3） 食宿收入	（4） 娱乐收入	（5） 游客总数	（6） 海外游 客总数
PM$_{2.5}$浓度均值	−0.504	−0.720	1.235	−0.337	−0.629	2.442
	（−0.63）	（−0.25）	（0.34）	（−0.08）	（−0.69）	（0.90）
PM$_{2.5}$浓度方差	0.0392	−0.821	0.762	−0.0647	0.0821	−0.149
	（0.13）	（−0.77）	（0.56）	（−0.04）	（0.24）	（−0.15）
控制变量	是	是	是	是	是	是
个体固定	是	是	是	是	是	是
时间固定	是	是	是	是	是	是
R^2（%）	14.04	0.73	0.78	4.04	0.52	1.28
F test	4.62***	1.80**	1.75**	2.78***	2.56***	1.19
N	392	392	392	392	392	392

注：括号内为 t 值；*、**、*** 分别表示在 10%、5%、1%的显著性水平下显著。
资料来源：作者计算整理而得。

表5-6、表5-7和表5-8回归结果分别报告了雾霾污染对东部、中部和西部地区森林公园各类旅游收入和旅游人数的影响。对于东部地区，PM$_{2.5}$浓度均值对食宿收入、娱乐收入、海外旅游人数均有显著正影响，PM$_{2.5}$浓度方差对食宿收入、旅游总人数、海外旅游人数有显著负影响。对于中部地区，PM$_{2.5}$浓度均值对门票收入有显著正影响，对旅游总人数、海外旅游总人数均有显著负影响。对于西部地

区，PM$_{2.5}$浓度均值对娱乐收入、旅游总人数均有显著负影响，PM$_{2.5}$浓度方差对旅游总人数、海外旅游人数均有显著正影响。部分证实了假说3。

基于上述结果：第一，不同地区雾霾污染对森林旅游的影响存在明显的异质性。第二，随着PM$_{2.5}$浓度均值的提高，东部地区森林公园的食宿收入、娱乐收入均有明显增多，说明受雾霾污染影响，森林旅游者明显增加了在森林公园的消费，延长了住宿时间，增加了娱乐消费，其潜在的含义是只要旅游者在旅游目的地住下来，就有可能取消其他类型的旅游设施和服务，当然，如果森林公园供给的旅游娱乐设施质量较高，则更可能吸引旅游者消费，同时也可能对吸引旅游者留下来发挥一定积极作用。而东部地区经济较为发达，人们收入水平相对较高，旅游需求相对旺盛（Witt，Martin，1987；Eugenio - Martin，Campos - Soria，2011；Yang et al.，2014；Wang et al.，2018），也愿意消费旅游设施和服务。但这些结论并未在中部和西部地区样本中发现，尤其是娱乐消费，在西部地区反而是负面影响，可能是因为西部地区森林公园供给的娱乐设施和服务难以满足旅游者需求。第三，随着PM$_{2.5}$浓度均值的提高，东部地区旅游总人数不受影响，海外旅游人数不断增加，而对中部地区旅游总人数和海外旅游人数均是负向显著影响，对西部地区旅游总人数有显著负影响。其原因可能是，旅游者对于雾霾污染引发健康风险的负面感知（Lepp，Gibson，2008；Fuchs，Reichel，2014；Karl，2018；Perpiña et al.，2019），以及对于森林的减霾降霾、有益身心的正面感知，若正面感知大于负面感知，则会导致森林旅游者增多，若正面感知小于负面感知，则会导致森林旅游者减少，若两者相等，则森林旅游者不受影响。从地区差异看，东部地区的海外旅游者的正面感知大于负面感知，中部和西部地区的旅游者负面感知大于正面感知。

表5-6 东部地区样本的估计结果

变量名称	（1）旅游总收入	（2）门票收入	（3）食宿收入	（4）娱乐收入	（5）游客总数	（6）海外游客总数
PM$_{2.5}$浓度均值	0.581	0.0833	1.840***	2.014***	0.125	1.509***
	（1.39）	（0.17）	（2.94）	（2.85）	（0.95）	（2.93）
PM$_{2.5}$浓度方差	−0.0711	−0.209	−0.813***	−0.125	−0.173***	−0.442*
	（−0.35）	（−0.87）	（−2.67）	（−0.36）	（−2.70）	（−1.76）
控制变量	是	是	是	是	是	是
个体固定	是	是	是	是	是	是
时间固定	是	是	是	是	是	是
R^2（%）	39.80	22.26	43.04	21.65	28.07	16.67
F test	18.72***	7.08***	42.02***	15.72***	37.23***	11.84***
N	4292	4292	4292	4292	4292	4292

注：括号内为 t 值；*、**、*** 分别表示在10%、5%、1%的显著性水平下显著。
资料来源：作者计算整理而得。

表5-7 中部地区样本的估计结果

变量名称	（1）旅游总收入	（2）门票收入	（3）食宿收入	（4）娱乐收入	（5）游客总数	（6）海外游客总数
PM$_{2.5}$浓度均值	0.0662	0.704**	−0.359	−0.223	−0.200**	−0.998***
	（0.24）	（1.97）	（−0.89）	（−0.44）	（−2.11）	（−2.85）
PM$_{2.5}$浓度方差	−0.123	0.0164	−0.296	0.0226	0.00241	0.0610
	（−0.79）	（0.08）	（−1.30）	（0.08）	（0.05）	（0.31）
控制变量	是	是	是	是	是	是
个体固定	是	是	是	是	是	是
时间固定	是	是	是	是	是	是
R^2（%）	41.43	18.11	45.28	27.51	20.65	18.41
F test	20.85***	5.34***	26.12***	17.47***	55.62***	11.05***
N	4288	4288	4288	4288	4288	4288

注：括号内为 t 值；*、**、*** 分别表示在10%、5%、1%的显著性水平下显著。
资料来源：作者计算整理而得。

表 5-8　西部地区样本的估计结果

变量名称	（1）旅游总收入	（2）门票收入	（3）食宿收入	（4）娱乐收入	（5）游客总数	（6）海外游客总数
PM$_{2.5}$浓度均值	0.152	−0.0632	−0.280	−2.430***	−0.691***	−0.354
	(0.31)	(−0.11)	(−0.45)	(−3.01)	(−3.53)	(−0.66)
PM$_{2.5}$浓度方差	−0.0988	0.365	−0.208	0.652	0.281**	0.611*
	(−0.32)	(1.00)	(−0.54)	(1.30)	(2.32)	(1.82)
控制变量	是	是	是	是	是	是
个体固定	是	是	是	是	是	是
时间固定	是	是	是	是	是	是
R^2（%）	40.48	2.74	39.59	2.99	5.23	7.34
F test	11.30***	8.30***	10.33***	4.62***	12.80***	4.70***
N	2321	2321	2321	2321	2321	2321

注：括号内为 t 值；*、**、*** 分别表示在 10%、5%、1%的显著性水平下显著。
资料来源：作者计算整理而得。

三、稳健性检验

为进一步确保研究结论的可靠性，我们同样以上表 5-2 所报告的回归结果为基准进行一系列稳健性检验，相应结果在表 5-9 和表 5-10 中。

第一，将衡量雾霾污染水平的两个变量替换为森林公园所在城市PM$_{2.5}$浓度的最大值和范围值，用以衡量城市雾霾污染的最高水平及范围大小，这是与 PM$_{2.5}$浓度观测值的均值和方差存在明显差异的衡量指标，能从另一个侧面反映森林公园所在地的雾霾污染状况。回归结果在表 5-9 中报告，与基准情形基本一致，说明了模型结果的稳健性。第二，为避免雾霾污染均值和方差极大值或极小值对回归结果的影响，剔除 PM$_{2.5}$浓度均值和方差最高和最低 1%的样本，回归结果在表 5-10 中报告，研究结果亦基本保持不变。稳健性检验结果充分说明本章研究结果的稳健性。

表5-9 稳健性检验结果（1）

变量名称	（1） 旅游 总收入	（2） 门票收入	（3） 食宿收入	（4） 娱乐收入	（5） 游客总数	（6） 海外游 客总数
PM$_{2.5}$浓度最大值	0.504*	0.798**	0.584	1.191**	-0.0829	0.0067
	(2.09)	(2.06)	(1.29)	(2.17)	(-0.75)	(0.02)
PM$_{2.5}$浓度范围值	-0.262	-0.249	-0.433	-0.660*	-0.066	-0.202
	(-1.16)	(-0.90)	(-1.35)	(-1.70)	(-0.85)	(-0.74)
控制变量	是	是	是	是	是	是
个体固定	是	是	是	是	是	是
时间固定	是	是	是	是	是	是
R^2（%）	42.69	20.91	49.44	26.96	27.99	20.90
F test	43.53***	14.12***	69.59***	30.56***	89.76***	21.79***
N	10901	10901	10901	10901	10901	10901

注：括号内为t值；*、**、*** 分别表示在10%、5%、1%的显著性水平下显著。
资料来源：作者计算整理而得。

表5-10 稳健性检验结果（2）

变量名称	（1） 旅游 总收入	（2） 门票收入	（3） 食宿收入	（4） 娱乐收入	（5） 游客总数	（6） 海外游 客总数
PM$_{2.5}$浓度均值	0.515**	0.610**	0.726**	0.673*	-0.0496	0.193
	(2.44)	(2.37)	(2.41)	(1.85)	(-0.68)	(0.76)
PM$_{2.5}$浓度方差	-0.104	0.0363	-0.407**	0.114	-0.0170	-0.0928
	(-0.90)	(0.26)	(-2.46)	(0.57)	(-0.42)	(-0.66)
控制变量	是	是	是	是	是	是
个体固定	是	是	是	是	是	是
时间固定	是	是	是	是	是	是
R^2（%）	37.09	16.40	47.69	21.31	27.98	21.39

变量名称	（1）旅游总收入	（2）门票收入	（3）食宿收入	（4）娱乐收入	（5）游客总数	（6）海外游客总数
F test	32.18 ***	11.70 *** '	51.49 ***	22.02 ***	62.74 ***	16.88 ***
N	10901	10901	10901	10901	10901	10901

注：括号内为 t 值；*、**、*** 分别表示在 10%、5%、1% 的显著性水平下显著。
资料来源：作者计算整理而得。

　　经济持续高速发展一方面极大地改善了人们生活水平，旅游需求快速增长，另一方面也带来了严重的环境污染，雾霾影响了人们的生活与健康。而森林具有显著的减霾作用，拥有丰富森林资源的森林公园可以在雾霾频发情况下提供一个少霾、清新、舒适的旅游环境，为满足人们日益增长的旅游需求提供一种新的选择。已有研究近乎一致地认为雾霾污染对于旅游增长具有显著负影响，那么这一发现是否适用于森林旅游呢？基于此，本章利用 2010—2016 年森林公园层面旅游数据及其所在城市的 PM$_{2.5}$ 浓度数据、宏观数据构建整合的面板数据，采用时间和个体双固定的固定效应模型，实证研究了雾霾污染对森林旅游各类收入及旅游人数的影响。通过研究，得出以下结论：PM$_{2.5}$ 浓度均值对森林旅游总收入、门票收入、食宿收入均有显著正影响，显著性水平为 10%，对娱乐收入影响不显著，对旅游总人数具有显著负影响，显著性水平为 10%，对海外旅游人数影响不显著；PM$_{2.5}$ 浓度方差仅对食宿收入有显著负影响，显著性水平为 5%；雾霾污染对森林旅游各项收入和旅游人数的影响在不同等级森林公园间、不同地区间存在明显异质性。

第六章 中国森林公园旅游效率的实证分析

森林公园是以大面积天然林或人工林为主体建设的公园，兼具森林生态与社会人文功能，为人们游憩、疗养、避暑、文娱、科研等提供良好环境。自1982年我国第一家国家级森林公园建立，经过近四十年发展，森林公园数量和质量都有了巨大改变。根据国家林业和草原局森林公园管理办公室的统计，2010—2017年，中国森林公园实现旅游总收入从294.94亿元增长到878.50亿元，接待旅游总人数从3.96亿人次增长到9.62亿人次，年均增长率分别达到16.88%、13.52%。同期，我国森林公园总数量从2583处增加到3505处，占地面积从1677.58万公顷增加到2028.19万公顷。通过数据可以明显看出，一方面，森林公园的数量和规模都在快速增长，自然禀赋特别优越的国家级森林公园数量也呈现快速增长，所创造的旅游收入和接待的旅游者数量表现出了更快的增长，反映了森林公园旅游的蓬勃发展态势。另一方面，科学准确认知森林公园旅游发展不仅需要关注其产出指标，也需要同步关注其投入指标，也即是需要考虑旅游发展的效率。

基于此，本章探讨的核心问题是，中国森林公园旅游发展的效率是怎么样的呢？影响效率的因素又有哪些呢？准确回答这些问题，对于客观认知中国森林公园旅游发展具有重要价值，也为未来进一步推动森林公园旅游可持续发展提供决策支持。本章的创新点主要体现在以下方面：一是数据独特。本章使用森林公园层面旅游发展的面板数据，优于使用省级面板数据和截面数据的研究，包括国家级、省级和县级森林公园，不同等级森林公园的差异悬殊，为我们全面客观认识中国森林公园旅游发展提供了有力支撑。二是效率衡量方法可靠，本章选择两种时变参数和四种时不变参数的随机前沿面板模型进行森林公园旅游效率的测度，不同方法互相比较、互相验证，保障了旅游效率计算结果的稳健性和可靠性。三是采用超越对数生产函数来估计森林公园的旅游效率，与CD（柯布—道格拉斯）生产函数和CES（固定替代弹性）生产函数相比，超越对数生产函数更为一般化，包含二次项和交叉项，是任意生产函数的二阶泰勒近似，对是否存在偏向型技术进步、产出弹性是否固定等没有约束，同时能够克服不同投入要素之间相互作用对产出的影响，得到更为准确的效率估计。四是使用森林公园旅游收入和旅游人数分别作为因变量，估计两组森林公园的旅游效率值，确保效率测度的科学性和稳健性，然后再进行影响因素的回归分析。

第一节　森林公园旅游效率测算

森林公园旅游效率可以从多个角度进行测算，例如，单位森林公园职工或导游的游客接待量、旅游收入额，森林公园的投资回报率、森林公园旅游设施的利用率等。然而，单纯从某一项投入要素对旅游收入和人数的增长幅度来衡量森林公园的旅游效率，难免以偏概全，偏离了旅游效率的真正内涵。因此，不能综合、有效地反映森林公园发展旅游的过程中要素配置所引起的效率变动。将森林公园发展旅游的活动类比为森林公园的生产过程，通过投入资本和劳动力，依托旅游资源和设施，接待游客的同时获得旅游收入。森林公园发展旅游的实际生产前沿面，与理论上的最优生产前沿面并不一定吻合，由此产生了生产技术效率的概念。技术效率衡量的是实际生产前沿面与最优生产前沿面的距离情况，距离越小，效率越高，反之越低。

测度技术效率的方法，可以分为三类，一是非参数的数据包络分析方法（DEA），二是参数型的随机前沿分析，三是基于 OP 法（Olley，Pakes，1996）、LP 法（Levinsohn，Petrin，2003）等方法的半参数估计方法。比较而言，首先，DEA 方法是一种基于被评价对象间相对比较的非参数技术效率分析方法（Greene W.H.，2008），由于其原理简单、操作方便，能够利用多投入、多产出指标测算技术效率是其突出优势，应用领域十分广泛。在应用过程中，面对日益复杂的问题和不断出现的新情况，对基础 DEA 模型的优化和改进从未止步，产生了一大批 DEA 修正模型。但是，使用优化的 DEA 模型测算技术效率仍存在难以克服的局限，如果决策单元之间差异过于悬殊，将会直接影响效率前沿面的形成，极端值进入前沿面，则会带来大量异常的效率测算结果，甚至会影响其他决策单元效率测算的准确性。由于本章使用的森林公园样本分为国家级、省级、县级三种类型，三类森林公园在发展旅游的资源、要素投入和产出方面差异悬殊。在此情况下，使用 DEA 模型进行效率测度难免会出现偏误。

其次，以 OP 法、LP 法等方法为代表半参数估计方法，多用于全要素生产率的计算。该方法的关键之处是，在一定假设条件下，把不可观测的生产率转换为可以观测的。在 OP 法中，假设厂商的投资是其自身生产率的严格递增函数，可以通过求出投资需求函数的逆函数来求出相应的生产率，LP 的方法类似，使用的是中间投入品的需求函数而非投资需求函数。该方法测算的全要素生产率与本章测算森林公园的旅游效率并不相同，同时本章样本也缺乏使用 OP 法、LP 法的基础变量。SFA 方法（随机前沿方法）虽然不能处理多投入和多产出的效率估计，但是，该方法不仅能够捕捉外生因素对技术非效率项的影响，而且基于具体生产函数形式的效率测算更能反映各变量对生产过程的影响方向和程度，更为适宜本章需求。因此，本章使用 SFA 方法来测度森林公园的技术效率，同时探究影响森林公园旅游效率的因素。

经典的随机前沿模型基于传统的 CD 生产函数提出，其暗含的假设是投入要素之间是完全替代的或完全互补的（Oliveira，Pedro，Marques，2013）。但是，对森林公园而言，各投入要素之间的替代弹性是不确定的，因此，本章采用投入要素替代弹性可变、能包容反映多种旅游要素技术组合的超越对数生产函数（Belotti，Daidone，Ilardi G et al，2013），其表达式是：

$$\ln Y_{it} = \alpha_0 + \alpha_1 \ln L_{it} + \alpha_2 \ln K_{it} + \alpha_3 \ln T_{it} + \alpha_4 (\ln L_{it})^2 + \alpha_5 (\ln K_{it})^2$$
$$+ \alpha_6 (\ln T_{it})^2 + \alpha_7 \ln L_{it} \ln K_{it} + \alpha_8 \ln L_{it} \ln T_{it} + \alpha_9 \ln K_{it} \ln T_{it}$$
$$+ (\varepsilon_{it} - \mu_{it}) \tag{6-1}$$

式（6-1）中，下标 i 和 t 表示森林公园和时间，α 表示待估系数。Y 表示产出指标，分别使用森林公园的旅游总收入和总人次来衡量。L，K，T 分别表示劳动力、资本和旅游设施投入，具体来说，森林公园的职工总数代表劳动力投入，年投资总额代表资本投入，游步道、车船数量、餐位和床位的加权平均表示旅游设施。$\varepsilon_{it} - \mu_{it}$ 表示混合误差项，ε 为服从正态分布的随机误差项，μ_{it} 为非负的森林公园旅游效率损失率。森林公园的旅游效率 TE_{it} 计算公式可以表示为：

$$TE_{it} = \frac{E(Y_{it}/\mu_{it}, X_{it})}{E(Y_{it}/\mu_{it} = 0, X_{it})} \tag{6-2}$$

式（6-2）表示，森林公园旅游效率可以表示为实际旅游收入（旅游人次）情况与不存在效率损失时的潜在最大旅游收入（旅游人次）之间的比值。该比值的取值范围介于 0 到 1 之间，也即是 $0 \leqslant \mu_{it} \leqslant 1$，则有 $0 \leqslant TE_{it} \leqslant 1$，反映了森林公园发展旅游的效率损失率 μ_{it} 越大，其技术效率 TE_{it} 水平越低。X_{it} 表示森林公园发展旅游的投入要素。

第二节 森林公园旅游效率的影响因素分析

一、森林公园旅游效率的影响因素

式（6-1）只是采用超越对数生产函数的形式给出了要素投入和旅游产出的关系，但是，并不能通过该式揭示到底是哪些因素能够影响森林公园的旅游效率。为此，在式（6-1）基础上，以技术非效率项为因变量，影响效率的因素为自变量，建立技术非效率的影响方程（Wang，Schmidt，2002），以此来揭示森林公园个体之间的旅游效率差异是由什么因素引起的。在本章中，首先将技术非效率项转换为技术效率，其影响技术效率的方程可以表示为：

$$TE_{it} = \beta_0 + \sum_{k=1}^{n} \beta_k Z_{it}^k + \sigma_{it} \tag{6-3}$$

在式（6-3）中，因变量 TE_{it} 表示技术效率值，Z_{it}^k 表示影响技术效率的因素，β_k 为待估系数，表示第 k 个因素对森林公园旅游效率的影响，若为正值，说明对森林公园的旅游效率有积极影响；若为负值，说明对森林公园的旅游效率有消极影响。σ_{it} 表示随机扰动项。

二、变量选择

本章的变量选择可以分为两部分：一是测度森林公园旅游效率所需的投入和产出变量。森林公园发展旅游至少需要三类投入，分别是劳动力、资本、旅游设施。在本章中，使用森林公园的职工总数表示劳动力投入，使用年度资本投入总额表示资本投入，使用游步道、车船总数、餐位数和床位数的加权平均来表示旅游设施。

需要进一步说明的是，在一般生产函数中，资本投入是指存量资本而非流量资本。由于本章样本的数据所限，无法收集到 2010 年森林公园的存量资本。在此情况下，如果以 2010 年界定为基期，采用累积的年度投资额表示存量资本投入，导致新批准建立的公园投资规模要远大于较早时间建成、具有较长历史、较大知名度且进入发展成熟期的森林公园。事实上，这些森林公园的真实资本存量要远大于新批准建设的森林公园，因此，以 2010 年为基期的估算资本存量的方法并不可取。森林公园资本投入与基础设施建设密切相关，资本存量也与基础设施规模密切相关，由于本章在选择投入变量时，将车船数量、游步道长度、餐位、床位等基础设施整合为一个新变量，即旅游设施变量，一定程度上反映了森林公园的资本存量。基于此种考虑，本章使用年度投资总额作为资本投入变量，纳入生产函数，进行估计。

旅游设施使用综合指数法进行构建，采用无量纲线性和法，基于森林公园四大类旅游设施指标（游步道、车船总数、餐位数和床位数）构建旅游设施综合指数（Tourism Facilities Index，TFI）。具体步骤有两步：第一步，对四大类旅游设施指标进行标准化处理：

$$tourismfacility_{ijt}^{s} = \frac{tourismfacility_{ijt} - \min(tourismfacility_{ijt})}{\max(tourismfacility_{ijt}) - \min(tourismfacility_{ijt})}$$

$$(6-4)$$

其中，$tourismfacility_{ijt}$ 表示 t 年第 i 个森林公园 j 类指标的原始值，$max(tourismfacility_{ijt})$，$min(tourismfacility_{ijt})$ 分别表示 t 年 j 类指标在所有森林公园中的最大值和最小值，$tourismfacility_{ijt}^{s}$ 表示 t 年第 i 个森林公园 j 类指标的标准化值。

第二步，根据四大指标标准化值，计算得出 t 年 i 森林公园的旅游设施指标 $TFI_{it} = \sum_{j=1}^{4} tourismfacility_{ijt}^{s}/4$。

二是影响森林公园旅游效率的变量。从理论上看，影响森林公园发展旅游的投入和产出指标，都会对森林公园的旅游效率产生影响。基于此，可以将影响森林公园旅游效率的因素分为两类，一类是森林公园本身的特征，包括森林公园等级、导游人数、森林公园引入社会资本占总投资的比重、是否免门票、建园时间、公园面积等[①]；另一类是森林公园所在城市的特征，即所在城市的规模、经济发展水平、产业结构、公共交通、收入水平均会对森林公园旅游效率产生较大影响（崔宝玉、徐英婷、简鹏，2016；赵敏燕、陈鑫峰，2016；Marrocu，Paci，2011）。对于城市规模变量，选择各个城市的人口数量作为替代变量。对于经济发展水平，选取各城市人均地区生产总值作为指标来刻画，并以2010年为基期进行不变价调整。对于产业结构，使用二、三产业增加值占生产总值的比重作为主要衡量指标。对于公共交通变量，使用年末实有出租车总量、每万人拥有公共汽车数量等两个指标来进行刻画。对于收入水平变量，使用在职职工年平均工资来进行衡量。

表6-1给出了本章主要变量的描述性统计结果。

表6-1　变量描述性统计

变量类型	变量名称	变量定义、赋值或单位	均值	标准差
产出变量	旅游收入	森林公园旅游总收入（万元）	5.476*	2.253
	旅游人数	森林公园旅游总人次（万人）	2.229*	1.679
投入变量	资本	森林公园年度投资总额（万元）	4.352*	4.839
	劳动力	森林公园正式职工人数（人）	3.668*	1.243
	旅游设施	基于车船、游步道、床位、餐位构建综合的旅游设施指数（1）	0.011	0.026
旅游设施指数	车船	森林公园所有旅游车、游船总数（辆/艘）	19.890	97.240
	游步道	森林公园建成道路、步道总里程（公里）	39.304	69.981
	床位	森林公园内可住宿床位数量（个）	508.239	2080.38
	餐位	森林公园固定就餐的餐位数量（位）	911.47	3287.23
因变量	旅游效率1	使用基于森林公园旅游投入产出的SFA模型计算的技术非效率项的数值表示	5.981	2.003
	旅游效率2		4.712	1.544

[①]　需要说明的是，关于建园时间和公园面积指标，只有国家级森林公园能从国家森林公园管理办公室提供的数据中查到，省级和县级森林公园只能通过网站搜索进行查询，仅有少部分森林公园能查到相对准确的建园时间和面积，因此这两个指标的数据缺失较为严重，在实证结果报告部分，仅提供考虑此两指标的估计结果，不做重点解释和分析。

续表

变量类型	变量名称	变量定义、赋值或单位	均值	标准差
自变量	公园级别	森林公园等级（国家级、省级、市县级）	1.566	0.569
	导游人数	森林公园正式导游人数（人）	1.492*	1.215
	社会资本	森林公园引入社会投资占年度总投资比例（%）	0.168	0.319
	门票	森林公园免门票，其值为0，否则为1	0.634	0.482
	建园历史	森林公园批准设立的时间	15.091	6.815
	公园面积	森林公园占地总面积（公顷）	8.056*	1.525
	人口规模	全市人口规模（万人）	6.159*	0.669
	人均GDP	全市人均地区生产总值（万元）	10.598*	0.572
	二产占比	全市二产占全部产业产值的比重（%）	47.979	9.474
	三产占比	全市三产占全部产业产值的比重（%）	40.001	9.645
	工资水平	全市在岗职工年平均工资（元）	10.707*	0.310
	出租车	市辖区年末实有运营出租车总量（辆）	7.667*	1.176
	公共汽车	市辖区每万人拥有公共汽车数量（辆）	1.767*	0.930
样本量		10539**		

注：（1）* 表示该变量经过对数化处理后，计算出的均值和方法；（2）旅游效率1和2表示基于 Fecss 估计方法，分别以森林公园旅游总收入和总人数为因变量进行估计所得出的技术非效率项的数值；（3）** 表示本表中建园历史、公园面积的样本量分别为6712、7437，旅游效率的样本量均为9661，其余变量的样本量均为10539。

资料来源：根据国家林业和草原局国有林场和种苗管理司森林公园管理办公室提供数据整理得出。

第三节 森林公园旅游效率的实证结果分析

随机前沿面板模型分为两类：时变参数模型和时不变参数模型。参考随机前沿面板模型的估计方法相关文献（Pitt，Lee，1981），利用 Stata 15.0，对式（6-1）进行估计。为了比较准确、客观地估计森林公园的旅游效率，本章选择六种随机前沿面板模型进行估计（Pitt，Lee，1981；Lee，Schmidt，1993），通过相互验证、相互比较得到实现模型结果的稳健性检验。两种时变参数模型的估计方法分别是迭代最小二乘时变固定效应模型（Iterative Least-squares Time-varying Fixed-effects Model，Fels）（Cornwell，Schmidt，Sickles，1990）和修正的 LSDV 时变固定效应模型（Modified - LSDV Time - varying Fixed - effects Model, Fecss）（Battese, Coelli, 1988）。四种时不变模型估计方法分别是基于极大似然估计的效率不随时间变化的随机效应模型（Maximum Likelihood Random-effects Model with Time-invariant Efficiency, Bc88）（Pitt, Lee, 1981），基于极大似然估计的效率不随时间变化的随机效应模型（Maximum Likelihood Random - effects Model with Time - invariant Efficiency, P181）（Aigner, Lovell, Schmidt, 1977），广义最小二乘法（Generalized Least Squares, GLS）的随机效应模型（Regls），固定效应模型（Fixed-effects Model, Fe）2013（Pitt, Lee, 1981）。利用以上六种估计方法对式(6-1)进行估计的结果如表6-2和表6-3所示。

表6-2是以森林公园旅游总收入为因变量的回归结果。其中，第1列和第2列是采用时变模型的随机前沿估计方法，第3至6列是采用时不变模型的随机前沿估计方法，对森林公园旅游效率进行估计。整体来看，资本、劳动和旅游设施对森林公园旅游总收入均有显著正向影响，三类投入要素的二次项和交叉项对旅游总收入的影响程度在使用不同估计方法时得出的结果基本一致。从变量系数来看，除了使用 Fecss 方法估计的旅游设施变量系数偏小之外，六种估计方法所得出的资本、劳动和旅游设施的一次项、二次项和交叉项的系数均比较接近，反映了估计结果的稳健性。

基于表6-2中模型1至6的随机前沿面板模型的估计结果，得出六种估计方法的技术非效率项。对六种技术非效率项进行相关性分析，具体结果如表6-3所示，可以发现，六种方法所计算的技术非效率项的相关性系数均比较高。两种时变模型（Fels 和 Fecss）估计的技术非效率项的相关系数为 0.8927，四种时不变模型（Bc88, P181, Regls 和 Fe）估计的技术非效率项的相关系数均超过 0.9155。综合考虑时变模型和时不变模型的技术非效率项的相关性，时变模型（Fecss）与另外五种估计方法所得的技术非效率项相关性均比较好。

为了进一步清晰呈现六种不同估计方法的技术非效率项的分布状况，我们在图6-1（1）中画出了六种方法计算的技术非效率项的密度函数图。从图6-1（1）可以明显看出，虽然不同方法对技术非效率值的估计存在差异，但是不同方法估计的技术非效率项的分布特征比较接近，进一步说明了使用不同估计方法所得技术非效率的估计结果是稳健的。比较六种不同方法所得出的技术非效率项的密度函数图，时变模型（Fecss）对六种估计结果的兼顾性最好，因此，在技术效率的影响因素分析部分，使用该模型估计的技术非效率项结果作为计算技术效率的依据。

表6-2　以森林公园旅游总收入为因变量的随机前沿模型估计结果

变量名称	（1）Fels	（2）Fecss	（3）Bc88	（4）Pl81	（5）Regls	（6）Fe
资本	0.119***	0.0429***	0.0665***	0.0644***	0.0704***	0.0469***
	（19.62）	（5.52）	（9.12）	（8.72）	（9.52）	（6.32）
劳动力	1.382***	0.124**	0.305***	0.236***	0.315***	0.256***
	（73.72）	（2.12）	（5.94）	（4.62）	（6.08）	（4.72）
旅游设施	48.90***	2.659***	35.16***	37.53***	37.03***	24.73***
	（23.16）	（3.87）	（15.88）	（18.74）	（16.76）	（10.59）
资本^2	0.0140***	0.00384***	0.00896***	0.00919***	0.00940***	0.00693***
	（34.98）	（7.57）	（18.28）	（18.65）	（19.05）	（13.99）
劳动力^2	−0.106***	−0.00120	0.00865	0.0169**	0.0103	−0.00307
	（−26.68）	（−0.15）	（1.18）	（2.39）	（1.40）	（−0.40）
旅游设施^2	−61.60***	−25.71***	−49.32***	−56.39***	−51.63***	−35.88***
	（−15.28）	（−3.96）	（−10.62）	（−13.57）	（−11.06）	（−7.41）
劳动力×资本	−0.0105***	−0.00466**	−0.00364*	−0.00413**	−0.00390*	−0.00197
	（−5.99）	（−2.17）	（−1.77）	（−2.00）	（−1.86）	（−0.94）
劳动力×旅游设施	−1.244***	−1.890***	−0.491	−0.174	−0.533	−0.311
	（−3.31）	（−3.45）	（−1.23）	（−0.45）	（−1.32）	（−0.74）

续表

变量名称	（1）Fels	（2）Fecss	（3）Bc88	（4）Pl81	（5）Regls	（6）Fe
资本×旅游设施	−1.191***	−0.155	−0.577***	−0.544***	−0.608***	−0.417***
	(−9.73)	(−1.07)	(−4.49)	(−4.28)	(−4.64)	(−3.22)
常数项			8.494***	6.083***	3.023***	3.950***
			(8.53)	(53.68)	(30.13)	(38.24)
时间固定效应	Yes	Yes	Yes	Yes	Yes	Yes
Sigma			1.204***			
			(39.72)			
Gamma			1.457***			
			(34.88)			
Mu			5.372***			
			(5.37)			
Usigma				10.93***		
				(25.18)		
Vsigma				0.662***		
				(62.36)		
样本量	10341	10341	10539	10539	10539	10341

注：括号内为 t 值；*、**、*** 分别表示在 10%、5%、1%的显著性水平下显著。

资料来源：作者计算整理而得。

表6-3 不同随机前沿模型估计方法所计算技术非效率项的相关性系数矩阵（1）

非效率项	Fels	Fecss	Bc88	P181	Regls	Fe
Fels	1					
Fecss	0.8927	1				
Bc88	0.6643	0.8959	1			
P181	0.5656	0.7816	0.9155	1		
Regls	0.6659	0.8888	0.9996	0.9174	1	
Fe	0.6487	0.9217	0.9897	0.9943	0.9854	1

注：所有模型的因变量均是旅游总收入，样本数量为 9661。

资料来源：作者计算整理而得。

　　表6-4是以森林公园旅游人数为因变量的回归结果。其中，第1列和第2列是采用时变模型的随机前沿估计方法，第3至6列是采用时不变模型的随机前沿估计方法，对森林公园旅游效率进行估计。整体来看，资本、劳动和旅游设施对森林公园旅游总人数均有显著正向影响，三类投入要素的二次项和交叉项对旅游总人数的影响程度在使用不同估计方法时得出的结果基本一致。从变量系数来看，除了使用Fecss方法估计的旅游设施变量系数偏小之外，六种估计方法所得出的资本、劳动和旅游设施的一次项、二次项和交叉项的系数均比较接近，反映了估计结果的稳健性。

　　基于表6-4中模型1至6的随机前沿面板模型的估计结果，得出六种估计方法的技术非效率项。对六种技术非效率项进行相关性分析，具体结果如表6-5所示，可以发现，六种方法所计算的技术非效率项的相关性系数均比较高。两种时变模型（Fels和Fecss）估计的技术非效率项的相关系数为0.8682，四种时不变模型（Bc88、P181、Regls和Fe）估计的技术非效率项的相关系数均超过0.9105。综合考虑时变模型和时不变模型的技术非效率项的相关性，时变模型（Fecss）与另外五种估计方法所得的技术非效率项相关性均比较好。为了进一步清晰呈现六种不同估计方法的技术非效率项的分布状况，我们在图6-1（2）中画出了六种方法计算的技术非效率项的密度函数图。从图6-1（2）可以明显看出，虽然不同方法对技术非效率值的估计存在差异，但是不同方法估计的技术非效率项的分布特征比较接近，进一步说明了使用不同估计方法所得技术非效率的估计结果是稳健的。比较六种不同方法所得出的技术非效率项的密度函数图，时变模型（Fecss）对六种估计结果的兼顾性最好。因此，在技术效率的影响因素分析部分，使用该模型估计的技术非效率项结果作为计算技术效率的依据。

表6-4 以森林公园旅游总人数为因变量的随机前沿模型估计结果

变量名称	（1）	（2）	（3）	（4）	（5）	（6）
	Fels	Fecss	Bc88	Pl81	Regls	Fe
资本	0.0516***	0.0190***	0.0337***	0.0297***	0.0350***	0.0213***
	(8.54)	(2.88)	(5.64)	(4.91)	(5.82)	(3.47)
劳动力	0.330***	0.110**	0.182***	0.139***	0.187***	0.131***
	(17.63)	(2.23)	(4.33)	(3.35)	(4.41)	(2.93)
旅游设施	28.05***	2.218***	23.27***	22.61***	23.72***	18.07***
	(13.44)	(4.86)	(12.91)	(13.63)	(13.13)	(9.37)
资本^2	0.00639***	0.00163***	0.00469***	0.00455***	0.00485***	0.00328***
	(15.93)	(3.79)	(11.72)	(11.33)	(12.07)	(8.01)
劳动力^2	−0.00737*	−0.00547	0.00611	0.0120**	0.00656	0.00154
	(−1.87)	(−0.79)	(1.02)	(2.06)	(1.09)	(0.24)
旅游设施^2	−34.30***	−15.87***	−32.96***	−32.13***	−33.18***	−29.14***
	(−8.49)	(−2.89)	(−8.70)	(−8.88)	(−8.71)	(−7.29)
劳动力×资本	0.000819	0.00131	0.000246	0.000771	0.000187	0.00103
	(0.47)	(0.72)	(0.15)	(0.45)	(0.11)	(0.60)
劳动力×旅游设施	−0.612*	−1.014**	−0.0667	−0.0134	−0.0942	−0.188
	(−1.65)	(−2.18)	(−0.20)	(−0.04)	(−0.29)	(−0.54)
资本×旅游设施	−0.860***	−0.238*	−0.536***	−0.526***	−0.547***	−0.434***
	(−7.03)	(−1.94)	(−5.08)	(−5.03)	(−5.12)	(−4.06)
常数项			5.221***	3.217***	0.767***	1.337***
			(13.26)	(36.99)	(9.31)	(15.69)
时间固定效应	是	是	是	是	是	是
Sigma			0.791***			
			(28.09)			
Gamma			1.432***			
			(36.59)			
Mu			4.420***			
			(11.44)			

续表

变量名称	（1） Fels	（2） Fecss	（3） Bc88	（4） Pl81	（5） Regls	（6） Fe
Usigma				7.250***		
				（26.48）		
Vsigma				0.443***		
				（63.39）		
样本量	10341	10341	10539	10539	10539	10341

注：括号内为 t 值；*、**、*** 分别表示在 10%、5%、1% 的显著性水平下显著。

资料来源：作者计算整理而得。

表 6-5 不同随机前沿模型估计方法所计算技术非效率项的相关性系数矩阵（2）

非效率项	u_ fels	u_ fecss	u_ bc88	u_ pl81	u_ regls	u_ fe
1						
u_ fecss	0.8682	1				
u_ bc88	0.8000	0.9061	1			
u_ pl81	0.7093	0.8225	0.9239	1		
u_ regls	0.8001	0.9037	0.9999	0.9245	1	
u_ fe	0.7949	0.9262	0.9942	0.9105	0.9931	1

注：所有模型的因变量均是旅游总人数，样本数量为 9661。

资料来源：根据国家林业和草原局国有林场和种苗管理司森林公园管理办公室提供数据整理计算得出。

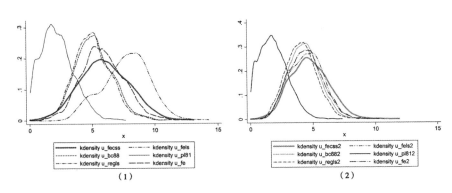

图 6-1 不同随机前沿面模型估计的技术低效率 Kdensity 函数

资料来源：根据国家林业和草原局国有林场和种苗管理司森林公园管理办公室提供数据整理计算绘制。

第四节　森林公园旅游效率影响因素的
实证结果分析

基于上一部分随机前沿面板模型估计结果，可以得出反映森林公园旅游效率的技术非效率项。选择采用时变模型（Fecss）估计的技术非效率项，利用式（6-2）将其转化为技术效率，作为估计式（6-3）的因变量，采用混合回归和面板固定效应模型进行估计，结果如表6-6所示。其中，第Ⅰ、Ⅱ类模型结果分别表示以森林公园旅游总收入、总人数为因变量计算的旅游效率。在分析影响旅游效率的因素时，分别采用混合回归（模型1和模型4）和面板固定效应模型（模型2和3，模型5和6）进行估计，模型2和3，模型5和6的区别在于模型3和6将森林公园的建园历史和园区面积变量纳入回归方程中。比较第Ⅰ、Ⅱ类模型的三种估计方法，面板固定效应由于混合回归结果，模型3和6由于考虑森林公园的建园历史和面积，而损失了大量样本，其结果的科学性和代表性要弱于模型2和5。因此，后文的分析以模型2和5的结果为依据。

表6-6　影响森林公园旅游效率的模型结果

变量名称	I			II		
	（1）	（2）	（3）	（4）	（5）	（6）
	Ols	Fe	Fe	Ols	Fe	Fe
省级公园	-0.0085 ***	-0.0063 ***	-0.0066 ***	-0.0106 ***	-0.0224 ***	-0.0107 ***
	（-8.52）	（-4.26）	（-5.02）	（-10.05）	（-7.00）	（-2.90）
县级公园	-0.00928 ***	-0.0102 **	-0.00478	-0.0163 ***	-0.0187 ***	0.0349
	（-7.09）	（-2.18）	（-0.10）	（-9.05）	（-3.32）	（1.26）
导游数量	0.0123 ***	0.008 ***	0.0006 ***	0.0139 ***	0.00242 ***	0.00276 ***
	（13.85）	（6.25）	（5.67）	（17.37）	（5.90）	（5.46）
社会资本	-0.00106	-0.00106	0.000139	-0.000153	-0.000673	-0.00150
	（-0.55）	（-0.70）	（0.07）	（-0.08）	（-0.69）	（-1.23）

续表

变量名称	I			II		
	（1）	（2）	（3）	（4）	（5）	（6）
	Ols	Fe	Fe	Ols	Fe	Fe
不免门票	−0.000246	−0.00484***	−0.00319*	−0.00648***	−0.00145***	−0.00121*
	（−0.29）	（−2.82）	（−1.69）	（−5.28）	（−4.30）	（−1.81）
人口规模	0.00268**	0.00784*	0.0401***	0.00619***	0.00222*	0.0236***
	（2.43）	（1.92）	（6.78）	（4.47）	（1.84）	（7.01）
人均GDP	0.00290*	0.00348***	0.0145***	0.00911***	0.00021***	0.0105***
	（1.73）	（4.99）	（3.13）	（5.50）	（4.09）	（3.96）
二产占比	0.000516***	−0.000446	0.000718	0.00133***	0.0000172	−0.000626**
	（5.28）	（−1.47）	（1.64）	（13.71）	（0.09）	（−2.51）
三产占比	0.000816***	0.000683**	0.000787	0.00178***	0.000275*	0.0000375
	（6.69）	（2.01）	（1.50）	（15.05）	（1.70）	（0.13）
工资水平	−0.00100	0.000727	−0.00745*	−0.00428***	0.000794	0.00599**
	（−0.70）	（0.25）	（−1.81）	（−3.06）	（0.42）	（2.55）
出租车	0.00368***	0.00439**	0.000942	0.00242***	0.00405***	0.00591***
	（4.62）	（2.18）	（0.32）	（2.71）	（3.11）	（3.50）
公共汽车	0.0015***	0.00133***	0.00386***	0.00345***	0.00149**	0.00504***
	（2.41）	（3.25）	（4.93）	（2.67）	（2.16）	（11.31）
时间固定效应	是	是	是	是	是	是
成立时间			0.000507			0.000230
			（0.27）			（0.22）
公园面积			0.00540			−0.000617
			（0.19）			（−0.04）
常数项	0.00557**	0.0160*	−0.0294	0.00271	0.0159***	−0.00565
	（2.28）	（1.95）	（−0.12）	（1.28）	（3.00）	（−0.04）
样本量	9661	9661	6422	9661	9661	6422

注：（1）括号内是 t 值；（2）*、**、*** 分别表示在10%、5%、1%的显著性水平下显著；（3）Ⅰ、Ⅱ
分别表示技术效率的影响因素模型结果，技术效率的计算是基于以旅游收入和游客人数为因变
量，采用随机前沿模型估计方法得出技术非效率项，然后将技术非效率项转化为技术效率。
资料来源：作者计算整理而得。

从表6-6中模型2和5的结果来看，森林公园的等级、导游数量、

是否免门票，以及森林公园所在城市的人口规模、人均地区生产总值、三产占比、公共交通设施等都会对森林公园旅游效率产生显著影响。具体来看，与国家森林公园相比，省级和县级森林公园的旅游效率显著偏低，显著性水平均在5%以上。导游数量的增长能显著促进森林公园旅游效率的提升，根据模型2和4结果来看，导游数量每增加1%，旅游效率能提升0.008%和0.002%。与免门票的森林公园相比，收门票的森林公园的旅游效率不升反降，免门票直接导致森林公园丧失了门票收入，为了稳定和提升森林公园收入，森林公园必须在提高旅游效率方面努力，通过旅游效率提高达到降低成本、增加收入的效果。相比之下，如果森林公园可以收取高额门票，改进旅游效率的动力将可能大打折扣，这也是中国政府部门多次强调国有重点景区降门票和免门票的原因之一。森林公园所在城市的人口规模、人均GDP、三产占比、公共汽车和出租车数量都对森林公园旅游效率有正向积极影响，说明森林公园所在城市人口越多、经济越发达、产业结构越现代化、公共交通设施越完善，人们对森林公园旅游的需求也会相应提升，越是会促进森林公园提升旅游效率，从而满足更高层次、更高水平和更大范围的旅游需求。引入社会资本比例、二产占比和平均工资水平对森林公园旅游效率没有显著影响。比较不同模型的变量系数，还可以发现6个模型中的变量系数的大小和显著性保持基本一致，反映了这些因素对森林公园旅游效率的影响不会因为方法的差异而产生显著的不同，甚至改变影响的方向，一定程度上反映了该结果的稳健性。

第五节　实证结果的进一步讨论

在明确影响森林公园技术效率因素的基础上，有必要对上述结果做进一步分析和讨论。关于森林公园等级，国家级森林公园的旅游效率显著高于省级和县级森林公园，与国家级森林公园的等级和地位相吻合。

那是否国家级森林公园的旅游效率一定比省级和县级高呢？从本章选择的投入和产出变量计算的结果来看，确实如此。但是，不同等级森林公园的旅游资源相差悬殊，国家级森林公园的资源禀赋要远远优于省级和县级森林公园。在此情况下，国家级森林公园的独特资源和景观等对旅游者的吸引力更大，相同的资本、劳动力和旅游设施投入水平，甚至较少的投入，也可能带来更多的旅游者。因此，若不能在投入要素中体现森林公园独特的自然资源禀赋，就有可能在估计森林公园旅游效率时出现偏差。本章估计的旅游效率也存在这方面的风险。关于导游数量，本章发现公园正规导游的数量增加能够显著提升森林公园的旅游效率。与非正规导游相比，隶属于森林公园的正规导游，受公园管理和约束，能提供相对优质、稳定的解说服务，具有明显的正外部性，也更受旅游者信赖。因此，导游的作用就是在不改变要素投入的基础上，通过提供优质的服务吸引更多的游客，同时带来旅游收入的增长，相应的旅游效率也会同步提升。由此，森林公园发展旅游、提升旅游效率的一种简单有效的策略就是增加高质量导游的供给。

关于免门票，本章研究发现免门票能显著提升森林公园的旅游效率。也有研究发现森林公园免收门票对其技术效率和规模效率没有影响（赵敏燕、陈鑫峰，2016）。可见，免门票对森林公园旅游效率的影响并不一致，然而该项研究仅使用2014年国家级森林公园的截面数据和基础的DEA模型估计效率（赵敏燕、陈鑫峰，2016），对效率的估计可能存在较大偏差，在影响效率的因素估计方面，同样也存在难以克服的内生性问题而影响估计结果的准确性。相比之下，本章使用面板数据的随机前沿模型，将函数形式设定为超越对数生产函数，同时采用2种时变模型和4种时不变模型估计森林公园的旅游效率，尽可能保证旅游效率估计的科学性和准确性，然而同样采用多种模型分析旅游效率的影响因素，以尽可能保证模型结果的准确性。因此，本章认为，免门票能够提升旅游效率的判断是准确的。其原因在于，相比不免门票，免门票直接使得森林公园丧失一部分几乎不需要付出很多成本的收益。对任何公园而言，门票的成本收益率都会远高于其他类型的收益。在此情况下，森林公园降低门票或免门票往往是受政府有关部门的行政约束①，既然免门票不可避免，对森林公园而言，为了稳定和增加旅游收入，只能提高效率，让有限的投入尽可能实现更多的产出。

本章发现森林公园所在城市的人口规模与旅游效率正相关，有学者研究发现，人口密度、城镇化率对旅游效率有显著正影响（Kim，1992）。一定程度上说明了本地游客是森林公园的重要客源之一，人口众多或者人口密度大的城市，在森林公园要素投入相同的情况下，更能实现旅游收入和旅游人数的增长，相应的旅游效率也在提升。关于地区经济发展水平，既有研究发现人均 GDP 对旅游效率有显著正影响（赵敏燕、陈鑫峰，2016），与本章结论一致，也有研究却发现有显著负影响（Kim，1992）。主要是因为前者使用森林公园层面数据，而后者使用省级面板数据，所采用的方法也存在一定差异，导致了研究结论的差异。

关于公共交通设施，本章使用公共汽车和出租车运营数量来衡量，发现对旅游效率有显著的积极影响。然而，有学者使用高级公路的密度来表示交通设施，发现该变量对旅游效率并无显著影响（Kim，1992）。由于森林公园多分布在城市郊区或者远郊区，公共交通设施的供给增多，既为旅游者选择公共交通提供更多机会，也同时降低了旅游者前往森林公园的交通成本，相应地增加了森林公园的客源和客流量。因此，本章认为增加供给公共交通设施会提升森林公园的旅游效率。此外，若同步提升公共交通的服务质量，则对森林公园的旅游发展更为有利。

利用 2010—2016 年中国森林公园旅游数据和森林公园所在城市的

---

① 例如，湖南省发改委作出了国有景区免票范围扩大的政策，见湖南省发改委：《湖南旧版规定 6 周岁以下或 1.3 米以下进景区免票新规 14 周岁以下免票》，湖南省发展和改革委员会官网，2019 年 4 月 3 日；安徽省省委、省政府出台《关于进一步减负增效纾困解难优化环境促进经济持续健康发展的若干意见》，明确提出要"再降低国有重点旅游景区门票价格"，见 http://www.0411hd.com/wenda/14091972.html。

宏观数据，采用两种时变参数和四种时不变参数的随机前沿面板模型，对森林公园的旅游效率进行估计，得到森林公园的旅游效率值。以森林公园的旅游效率值为因变量，构建时间和个体双固定的面板模型，实证分析影响森林公园旅游效率的因素。结果发现：国家级森林公园的旅游效率显著高于省级和县级森林公园；导游数量的增加会提高森林公园的旅游效率；与收门票的公园相比，免门票也能带来森林公园旅游效率的提升；森林公园所在城市的人口规模、人均 GDP、三产占比、公共交通设施都对森林公园的旅游效率有显著正向的影响。

基于上述结论，我们可以得到以下几点启示：一是旅游是森林公园的重要职能之一，除此之外，森林公园还承担生态保护、资源培育、科学研究等多项职能，发展旅游必须要重视效率。对任何森林公园而言，所能承载的人类活动是有一定限度的。当旅游者数量和旅游频次超过一定阈值时，就会对森林公园的生态资源产生损伤或破坏，带来难以弥补的损失。因此，发展旅游不能超越森林公园的生态承载力，只有不断提升旅游效率，才可能利用较少的生态资源实现较大的经济产出，既满足旅游者的旅游需求，又保障森林公园的可持续发展。二是森林公园具有不同等级，所处区域的地理和自然环境也不尽相同。因此，不同森林公园发展旅游的自然禀赋存在显著的异质性。在追求旅游效率提升的过程中，要考虑这种异质性，尊重自然，不必一味追求高效率。对于自然资源禀赋较差地区的森林公园，要首先认识到自然的约束，优先保护独特的自然景观和森林资源，以对自然资源和环境影响最小为基本原则，在保护的基础上适度发展旅游。三是影响森林公园旅游效率的因素较多，本章通过实证研究进行了识别，找到了一些对森林公园旅游效率提升有显著影响的因素。对于旅游效率较低的森林公园，可以通过改变这些因素和条件，提高旅游效率，为森林公园实现集约、高效、可持续发展提供参考依据。

第七章　我国森林公园经营效率的
变动趋势与空间差异分析

森林公园是以大面积天然林或人工林为主体建设的公园，兼具森林生态与社会人文功能，为人们游憩、疗养、避暑、文娱、科研等提供良好环境。长期以来，社会各界更关心其数量和面积，忽视了其经营效率的变化和作用。伴随着我国经济社会进一步发展，物质富裕的人口数量和比重将会进一步增长，在环境生态不断恶化的背景下，人们对于以森林为载体的生态旅游的需求将会进入新一轮的快速增长周期。

特别是党的十八大以来，生态问题被提高到文明的高度，党和政府对生态问题的关注和重视空前提高。习近平总书记多次强调"良好生态环境是最公平的公共产品，是最普惠的民生福祉"[①]，森林公园是反映和体现生态文明的重要载体，是与普通民众接触最多、距离最近、最为直接的载体。因此，森林公园经营至关重要，森林公园的数量增加和质量提升将可以直接作为国家生态文明建设成效的指示器。基于此种考虑，森林公园投资力度空前提升，以 2016 年为例，森林公园共投入资金 537.95 亿元，其中环境投资 57.04 亿元，营造景观林 8.95 万公顷，改造林相 15.52 万公顷，截至 2016 年年底，森林公园共拥有游步道 9.07 万公里，旅游车船 3.4 万台（艘），接待床位 102.94 万张，餐

[①]　中共中央文献研究室编：《习近平关于全面建成小康社会论述摘编》，中央文献出版社 2016 年版，第 163 页。

位 197.1 万个，森林公园创造的社会综合产值超过 8200 亿元[①]。然而，我国森林公园经营的效率如何呢？呈现什么样的变化趋势呢？地区之间又存在哪些差异呢？从目前研究来看，这些问题并未得到有效、准确的回答。因此，很有必要同时考虑森林公园经营的外部环境，准确衡量和测算森林公园的经营效率，从而为保持高效率运行的森林公园、改善低效率运行的森林公园，提供改进建议和措施，推动我国森林公园良性发展。

第一节 森林公园经营效率测度模型

效率评价最流行的两种方法分别是以数据包络分析（Data Envelopment Analysis，DEA）模型为代表的非参数方法和以随机前沿分析（Stochastic Frontier Analysis，SFA）模型为代表参数方法，两种方法各有千秋，在效率分析领域占据举足轻重的位置。从已有效率研究的实践来看，DEA 模型受众更广，一方面，该方法避免了参数模型估计必须设定一个总体分布的假设条件（崔宝玉等，2016；刘自敏等，2014）；另一方面，该方法对样本的要求更为简单，样本量的约束较少，且在处理多产出变量问题上独具优势。然而，传统 DEA 模型在估计决策单元效率值时仅考虑了管理无效率的问题，因而存在较大风险出现效率值的偏差（刘满凤、李圣宏，2016）。也有学者指出，决策单元外部环境影响、管理无效率、随机误差项均可能引发无效率状况发生，从而使得决策单元效率估计可能出现在效率前沿面以内，使得不同决策单元的效率估计值在进行比较时失去共同基准，相对效率值的比较以及对决策单元效率高低的判断同时失去意义（Fried et al.，2002）。在此情况下，弗莱德等（Fried et al.，2002）创造性地将 DEA 模型和 SFA 模型进行融合，

---

① 数据来源于《拓展森林空间增进民生福祉》，《中国绿色时报》2017 年 4 月 18 日。

提出三阶段 DEA 方法，该方法核心关键是通过利用传统的 DEA 模型松弛变量所包含的信息，对投入（或产出）进行调整，把所有的决策单元都调整到假定的同等外部环境，再重新使用传统的 DEA 模型，计算决策单元效率值，以剔除外部环境和随机因素的影响，从而更为真实地反映各决策单元的效率（刘满凤、李圣宏，2016）。因此，本章借鉴弗莱德等（2002）、刘自敏等（2014）、崔宝玉等（2016）文献方法，使用三阶段 DEA 模型进行效率测度。

一、第一阶段基础 DEA 模型

第一阶段模型是基于初始投入产出变量进行 DEA（BCC 模型）分析，BCC 模型用于处理"规模报酬可变"假设下的决策单元有效性问题，将技术效率（TE）分解为纯技术效率（PTE）和规模效率（SE），且 TE=PTE*SE。其中，TE 表示实现投入既定下产出最大或产出既定下投入最小的能力，SE 表示与规模有效点相比规模经济性的发挥程度，PTE 表示剔除规模因素的效率值。本章使用 BCC 模型，计算得到各决策单元的效率以及其目标产出量。目标产出量与实际产出量的差值即等于各决策单元的径向与非径向的松弛变量之和，换言之，是各决策单元可增加的产出量。相对投入变量的复杂多样，森林公园更容易对产出变量进行调控，由此，本章使用产出导向的 BCC 模型测度森林公园经营效率。

二、第二阶段随机前沿模型（SFA）

使用随机前沿分析方法修正第一阶段的产出变量松弛量。一阶段得到的产出变量松弛值是各决策单元与处在效率前沿面的决策单元的产出值比较后的差值，该数值受到前述三种因素的共同影响。因此，需要进行修正，本章使用随机前沿模型进行分析，有 N 个投入松弛值的结构，构建投入导向的随机前沿模型为：

$$s_{ni} = F(z_i;\ \beta_n) + \nu_{ni} + \mu_{ni};\ i = 1,\ 2,\ \cdots,\ I;\ n = 1,\ 2,\ \cdots,\ N$$

$$(7-1)$$

其中，s_{ni} 表示第 i 个决策单元第 n 项投入松弛量；z_i 表示决策单元外部环境变量集，β_n 为其待估系数；函数 F（·）表示外部环境变量对因变量投入松弛值 s_{ni} 的影响大小；$\nu_{ni} + \mu_{ni}$ 为混合误差项，随机干扰项为 ν_{ni} 且 $\nu_{ni} \sim N(0,\ \sigma_{vn}^2)$；一般情况下，假设管理无效率项 μ_{ni} 服从截断分布或半正态分布[①]，即 $\mu_{ni} \sim N^+(\mu_n,\ \sigma_{un}^2)$。当技术无效率方差占总方差的比重 $\gamma = \dfrac{\sigma_{un}^2}{\sigma_{un}^2 + \sigma_{vn}^2} \to 1$ 时，表示管理因素占据主导地位；当 $\gamma = \dfrac{\sigma_{un}^2}{\sigma_{un}^2 + \sigma_{vn}^2} \to 0$ 时，表示随机误差因素占据主导地位。

对随机干扰项 ν_{ni} 的估计，参考乔德鲁（Jondrow，1982）、李双杰等（2007）、罗登跃（2012）及刘自敏等（2014）所使用的策略与方法，具体是：

$$
\begin{aligned}
\hat{E}[\nu_{ni} \mid \varepsilon] &= S_{nj} - F(z_i;\ \beta_n) - \hat{E}[\mu_{nj} \mid \varepsilon]\hat{E}[\mu_{nj} \mid \varepsilon] \\
&= \mu_* + \sigma_* \frac{\varphi(\mu_*/\sigma_*)}{1 - \Phi(\mu_*/\sigma_*)} \\
&= \frac{\lambda\sigma}{1 + \lambda^2}\Big[\frac{\varphi(\mu_*/\sigma_*)}{\Phi(\mu_*/\sigma_*)} + \frac{\varepsilon_i\lambda}{\sigma}\Big]
\end{aligned}
$$

$$(7-2)$$

其中，$\mu_* = -\dfrac{\sigma_{ut}^2}{\sigma^2}$，$\sigma_*^2 = \dfrac{\sigma_u^2 \times \sigma_v^2}{\sigma^2}$，$\sigma^2 = \sigma_u^2 + \sigma_v^2$，$\lambda = \dfrac{\sigma_u}{\sigma_v}$，$\varepsilon = s_{nj} - F(z_i;\ \beta_n)$，$\varphi(\cdot)$，$\Phi(\cdot)$ 分别为标准正态分布的密度函数和分布函数。

使用随机前沿模型的回归结果可以将决策单元调整至相同的外部环

---

① 对于 μ_{ni} 采用半正态分布、截断正态分布、指数分布、伽马分布中的哪种形式，不同的 μ_{ni} 分布对于效率度量的结果并不产生太大影响（李双杰等，2007；刘自敏等，2014）。

境，以消除异质性影响，使得第三步的效率计算基于同质环境，在产出导向下，我们对各决策单元的产出项进行调整。调整的思想是，将处于不同外部环境的决策单元调整至相同的外部环境，同时剔除随机误差的影响，从而获得剔除了外部环境和随机误差影响的修正产出值，可以表述为：

$$x_{ni}^* = x_{ni} + \{\max[F(z_i;\hat{\beta}_n)] - F(z_i;\hat{\beta}_n)\} + [\max(\nu_{ni}) - \nu_{ni}],$$
$$i = 1, 2, \cdots, I; \ n = 1, 2, \cdots, N \tag{7-3}$$

其中 x_{ni}^* 表示调整后的产出，x_{ni} 表示调整前的产出，$\max[F(z_i;\hat{\beta}_n)] - F(z_i;\hat{\beta}_n)$ 表示将决策单元调至相同的外部环境，$\max(\nu_{ni}) - \nu_{ni}$ 表示将决策单元的随机误差调至相同的自然状态。

三、第三阶段 DEA 模型

在本阶段，利用 DEA 模型，将利用第二步计算得出的调整后的产出变量与初始的投入变量，且将所有决策单元置于统一的前沿面下，采用 DEA-BCC 模型计算各决策单元效率，此时的效率值仅受到管理无效率的影响，是比较准确、科学的对决策单元的效率度量，以此为基础的分析和讨论将更为科学合理。

第二节　变量选择与描述性统计分析

一、变量选择

（一）投入与产出变量

森林公园经营是一项复杂的涵盖社会、经济、生态的系统工程，在整个过程中涉及人力、物力、财力的多重投入，而产出包括社会、经济、生态等多个方面。参考黄秀娟（2011），黄秀娟、林秀治（2015）

等研究，结合我国森林公园经营实际情况，投入变量选取：森林公园数量、森林公园面积、森林公园职工数量、导游数量、森林公园建设资金投入等，其中资金投入使用 2010 年为基期的固定资产投资价格指数进行调整；产出变量选取：森林公园收入、森林公园游客接待量，其中公园收入使用 2010 年为基期的消费者物价指数进行调整。各变量描述性统计结果详见表 7-1。

（二）外部环境变量

依据西蒙和威尔逊（Simar，Wilson，2007）的"分离假设"，对于外部环境变量，其基本特征是：一是对森林公园经营投入产出效率能够产生显著影响，二是短期内难以被各个决策单元个体所控制或改变。具体到影响森林公园经营的环境变量主要包括国家宏观经济环境、政府森林公园发展政策、人口分布及城镇化等。参考黄秀娟、林秀治（2015），陈刚、赖小琼（2015），刘自敏等（2014），郭军华等（2010）等，本章拟选择环境变量为：（1）人均 GDP，反映经济发展水平，一般而言，经济发展水平越高的地区对森林公园的需求越旺盛；（2）人口密度，若人群对于森林公园需求概率一致，人口密度大的地区，累计对森林公园需求量也会明显大于人口稀疏地区，而且森林公园建设经营是一项重要的应该由政府提供的公共服务，有不少研究发现人口密度对政府公共服务提供效率具有一定影响（Athanassopoulose，1998；Afonso，2008），本章采用每平方公里人口数测度人口密度；（3）城镇人口比例，一般而言，城镇人口对森林公园的需求要远大于农村人口，城镇人口比例越高，相应对于森林公园的需求越多；（4）森林火灾次数与受火灾面积，森林火灾并不一定发生在森林公园，但是会对消费者的森林公园认知产生一定负面影响；（5）森林病虫鼠害面积，病虫鼠害等是对森林健康能产生严重威胁的因素，在森林公园中这一问题同样严重，不仅影响森林本身、森林公园的正常经营，而且还会对进入森林的游人产生一定影响；（6）铁路里程、高速公路里程，此两个指标是反映基础设施状况的，对于森林公园而言，便利的基础设施可以极大地提高其利用率；（7）地区虚拟变量，参考续竞秦（2011）等研究，我国东中西部地区在资源禀赋和发展水平等方面存在显著差异，以此推断，我国森林公园建设经营也可能存在地区间的显著差异，因此在文中设置了地区虚拟变量，分为东部、中部、西部和东北地区。各变量描述性统计结果详见表7-1。

二、数据来源

本章使用省级层面森林公园数据，来源有两个：一是国家林业和草原局网站下的中国森林公园统计数据资料，数据可查时段为2010—2015年，本章所使用投入产出数据来源于此；二是国家统计局网站下的宏观统计数据，本章所使用外部环境变量数据来源于此。在森林公园数据统计中，执行的统计口径并非完全按照省、自治区、直辖市，在内蒙古自治区、吉林省、黑龙江省分别将内蒙古森工集团、吉林森工集团、龙江森工集团下属的森林公园单列进行统计，但是该口径与国家宏观经济统计数据不一致，在环境变量的处理方面无法进行拆分，故将三家森工集团所属的森林公园统计纳入所在省区市的范畴内。此外，由于数据的局限，香港、澳门、台湾等地的森林公园也没有进入到本章的分析样本中，特此说明。主要变量描述性统计结果如表7-1所示。

表7-1 各变量描述性统计结果

变量名称	均值	标准差	最小值	最大值
投入变量				
森林公园总数（处）	93.92	92.66	1	615
森林公园总面积（公顷）	56.25	58.45	0.20	249.68
投资总额（亿元）	12.53	17.13	0.02	154.31
职工总数（人）	5122.24	4362.04	86	18695
导游总数（人）	536.11	470.85	12	2029

续表

变量名称	均值	标准差	最小值	最大值
产出变量				
公园总收入（亿元）	17.72	29.15	0.10	220.14
公园接待游客总量（万人次）	1885.23	2143.14	18.6	14795.0
外部环境变量				
人均GDP（万元/人）	4.46	2.13	1.31	10.80
人口密度（人/平方公里）	446.56	679.91	2.459	3825.895
城镇化率（%）	53.87	13.91	22.667	89.61
森林火灾次数（次）	149.5	261.64	0	2537
森林火灾受灾面积（公顷）	715.86	1539.55	0	11737.6
森林病虫鼠害面积（公顷）	38.05	32.39	0.44	176.08
铁路通车里程（万公里）	0.33	0.199	0.04	1.21
高速公路历程（万公里）	0.32	0.166	0	0.7
地区因素（东部＝1，中部＝0，西部＝2，东北＝3）	1.39	0.907	0	3
观察值	186			

资料来源：根据国家林业和草原局国有林场和种苗管理司森林公园管理办公室提供数据整理计算得出。

第三节　森林公园经营效率的实证结果分析

一、第一阶段模型效率结果

采用STATA13.0软件，使用DEA－BCC模型在不考虑外部环境异质性因素情况下，计算我国省级层面森林公园经营效率值，具体如表7-2所示。通过分析，我们发现：总体而言，我国森林公园经营效率呈现上升趋势，平均效率值从2010年的0.5282提升至2015年的0.7163，但是距离有效率经营还有不小的改进空间；分地区来看，东部地区的森林公园经营效率较高且比较稳定，效率值均在0.7以上，中西部地区和东北地区均经历了一个效率提升的过程，2010年，三个地区的森林公园经营效率均较为低下，效率值分别为0.3423、0.4802、0.3750，2015年三个地区效率值均有了明显提高，但是中部地区高于东北地区、东北地区高于西部地区；分省份来看，天津地区森林公园经营效率较高，几乎所有年份都处在有效经营状态，可能与天津全市范围内只有一家森林公园，比较注重森林公园的经营有关系，但是情况并非如此简单，上海市、江苏省等地有数量较多的森林公园，其整体的经营效率也几乎都为1，处在有效率经营状态，可见，森林公园的有效经营与该地区内拥有的森林公园数量的关系并不明显，可能受到管理水平、能力和理念以及其他因素的影响；北京地区的森林公园运行效率呈现先下降后上升的趋势，同时也从有效率经营状态转变为低效率经营状态。

表7-2 第一阶段 DEA 模型估计的技术效率值

地区	2015年	2014年	2013年	2012年	2011年	2010年
全国平均	0.7163	0.6789	0.6149	0.5791	0.5250	0.5282
东部平均	0.7386	0.7409	0.7286	0.7350	0.7139	0.7432
中部平均	0.7537	0.6934	0.6268	0.5523	0.4438	0.3423
西部平均	0.6443	0.6386	0.5419	0.4997	0.4342	0.4802
东北平均	0.7049	0.6043	0.5047	0.4301	0.4211	0.3750
北　京	0.8379	0.8209	0.5022	0.7242	0.5893	1.0000
天　津	1.0000	1.0000	0.9798	1.0000	1.0000	1.0000
河　北	0.3970	0.2816	0.9067	0.8125	0.5470	0.7256
山　西	1.0000	1.0000	0.8159	0.4814	0.3381	0.2006
内蒙古	0.2585	0.2462	0.1727	0.1580	0.1750	0.1615
辽　宁	0.8211	0.7299	0.6130	0.6894	0.6063	0.5688
吉　林	1.0000	0.8461	0.6963	0.3824	0.4826	0.3711
黑龙江	0.2937	0.2369	0.2050	0.2186	0.1743	0.1851
上　海	1.0000	1.0000	1.0000	1.0000	1.0000	1.0000
江　苏	1.0000	1.0000	0.9655	1.0000	1.0000	1.0000
浙　江	1.0000	0.7873	0.6271	0.6263	0.6397	0.6626

续表

地区	2015 年	2014 年	2013 年	2012 年	2011 年	2010 年
安　徽	0.6968	0.6381	0.5780	0.4704	0.4225	0.3349
福　建	0.8060	0.5845	0.8624	0.5385	1.0000	0.7776
江　西	1.0000	0.9763	0.7674	0.8679	0.5692	0.4579
山　东	0.5478	0.4941	0.4360	0.4305	0.3459	0.3217
河　南	0.4810	0.4578	0.4835	0.5012	0.3620	0.3638
湖　北	0.6633	0.4572	0.4100	0.3401	0.3302	0.2599
湖　南	0.6810	0.6313	0.7060	0.6529	0.6410	0.4367
广　东	1.0000	0.9962	0.7457	0.8603	0.6618	0.7218
广　西	0.9051	0.9417	0.4908	0.3607	0.3549	0.2970
海　南	0.2471	0.4438	0.2602	0.3581	0.3553	0.2230
重　庆	1.0000	1.0000	1.0000	0.9783	0.8494	1.0000
四　川	0.6753	0.6679	0.6681	0.6730	0.5346	0.5219
贵　州	1.0000	0.8918	1.0000	1.0000	0.6575	0.6175
云　南	0.7115	0.7408	0.5190	0.6588	0.7031	0.7328
西　藏	0.6794	1.0000	1.0000	0.4921	0.3817	1.0000
陕　西	0.3521	0.3036	0.2777	0.2156	0.3639	0.3063
甘　肃	0.4305	0.3535	0.1939	0.2355	0.2907	0.3194
青　海	0.5095	0.5405	0.4877	0.4645	0.3090	0.2502
宁　夏	0.5566	0.4466	0.3085	0.3086	0.2371	0.2627
新　疆	0.6532	0.5303	0.3839	0.4518	0.3540	0.2935

资料来源：根据国家林业和草原局国有林场和种苗管理司森林公园管理办公室提供数据整理计算得出。

二、第二阶段随机前沿模型松弛变量校正结果

由于不同地区的经济社会发展水平差异，在以省份为决策单元的考量中，各地区的禀赋条件差异悬殊，不同地区森林公园发展的自然条件、人文环境均不相同。但是，第一阶段的 DEA 模型所计算的效率值并未对这些因素予以考虑，而是简单地假定相同，不做专门考虑，因此，此时所得出的效率值可能面临较大的偏差风险。基于此，本节利用

随机前沿模型方法进行纠偏和调整，基于半正态分布假设，采用随机前沿模型方法，对第一阶段产出变量的松弛变量进行纠正，即以产出松弛变量为因变量，以环境变量为自变量，进行随机前沿分析。由于本章使用样本数据涉及不同年份，本章在随机前沿模型的估计中对地区和时间因素同时进行控制，具体结果如表7-3所示。

表7-3　第二阶段产出松弛变量的随机前沿模型估计结果

变量名称	森林公园总收入	森林公园接待游客总量
常数项	311980***（111802.4）	879.2107**（4616.848）
人均GDP	1.8462**（1.7624）	−0.0071（0.0098）
人口密度	10.6650**（28.5802）	0.0963*（0.1586）
城镇化率	−6776.252***（2629.202）	−7.9759**（14.5924）
森林火灾次数	67.6177（61.3975）	0.1913（0.3408）
森林火灾受灾面积	−1.8591（10.2898）	−0.0316（0.0571）
森林病虫鼠害面积	−352.4181**（617.4946）	−1.4582**（3.4272）
省域内铁路通车里程	189625.6（127760.3）	1574.563**（709.086）
省域内高速公路里程	438520.4***（124386.8）	2301.804***（690.363）
东部地区	62418.61（45808.93）	175.4363（254.2455）
西部地区	−107029.6***（40525.1）	−435.3159*（224.9196）
东北地区	119764.7**（55026.6）	271.3277（305.4047）
2011年	2350.95（42696.83）	34.8194（236.973）
2012年	11198.26（45202.03）	−143.9267（250.8771）
2013年	−34845.02（47992.17）	−213.7021（266.3628）
2014年	−84615.17*（50200.37）	−408.7868（278.6186）
2015年	−131918**（52888.81）	−716.8095**（293.5398）
σ2	2.63e+10	8.11e+5
γ	0.99***	0.99***
Log likelihood	−2481.97	−1521.096

注：（1）括号内为标准差；（2）*、**、***分别表示10%、5%、1%的显著性水平。
资料来源：作者计算整理而得。

从表7-3可以看出，γ值均极度接近1，说明技术无效率方差占总方差的比重非常大，经营管理方面的因素对产出松弛变量的影响占据绝对主导地位，此时若不利用随机前沿模型进行环境因素和随机因素的剥离，所得出的效率值将会存在明显偏差。从随机前沿模型的结果看：城镇化率对森林公园总收入松弛变量的影响显著为负，高速公路里程对森林公园收入松弛变量具有显著正向影响，中部和东部地区森林公园收入松弛变量不存在显著的地区差异，西部地区和东北地区则与中部地区森林公园收入松弛变量存在显著的地区差异；人口密度对森林公园游客接待量松弛变量具有显著正影响，铁路和高速公路通车里程对森林公园游客接待量松弛变量具有显著正影响，中西部地区森林公园游客接待量松弛变量存在显著的地区差异，中部和东部、东北地区不存在显著的地区差异。

三、第三阶段模型效率结果

经过第二阶段的产出松弛变量调整，再次利用原始投入和修正后的产出变量，构建产出导向的DEA模型，计算省级层面森林公园经营效率值，如表7-4所示。

通过表7-4可以发现，剥离了环境因素和随机因素后的效率值呈现了明显的波动态势，全国平均而言，森林公园效率值呈现水平"S"形的变动趋势，2013年达到效率值最大，为0.8028，2015年又下降至0.568，这一变化趋势与第一阶段的效率结果差异悬殊，一定程度上说明了考虑环境因素和随机干扰因素在效率测度方面的重要性和必要性。

分地区而言，四个地区的效率变动趋势各有特点，波动性是其共性特征，但波动的轨迹和程度却各有不同，东部地区先上升后下降，呈现倒"U"形，峰值0.8753在2012年出现；中部地区先上升后下降、再上升再下降，呈现"M"形，峰值0.8599在2012年出现；西部地区先下降后上升、又下降又上升，呈现明显的"W"形，峰值0.8737在

2013 年出现；东北地区先下降后上升再下降，呈现水平"S"形，峰值 0.8764 在 2013 年出现。

分年度来看，2010 年，东北地区森林公园经营效率最高，其次是中部地区，西部地区垫底；2011 年，中部地区效率最高，其次是东部地区，西部地区垫底；2012 年，东部地区效率最高，其次是东北地区，西部地区垫底；2013 年，东北地区最高，其次是西部地区，中部地区垫底；2014 年，东北地区效率最高，其次是东部地区，西部地区垫底；2015 年，西部地区效率升至最高，其次是中部地区，东北地区降至最低。

表 7-4　第三阶段 DEA 模型估计的技术效率值

地区	2015 年	2014 年	2013 年	2012 年	2011 年	2010 年
全国平均	0.5680	0.6727	0.8028	0.7694	0.5701	0.6319
东部平均	0.4624	0.7031	0.7759	0.8753	0.6270	0.5843
中部平均	0.5524	0.6930	0.6692	0.8599	0.7957	0.7454
西部平均	0.7187	0.5944	0.8737	0.6102	0.429	0.5837
东北平均	0.3479	0.8433	0.8764	0.8723	0.4928	0.7568
北　京	0.1957	0.7801	0.6551	0.9767	0.1992	0.1274
天　津	0.2142	1.0000	0.7208	1.0000	0.0367	1.0000
河　北	0.5773	1.0000	0.8452	1.0000	0.7201	0.8453
山　西	0.0081	0.5580	0.3427	0.8782	0.6964	0.9749
内蒙古	0.3651	0.8463	0.8721	1.0000	0.5190	0.9033
辽　宁	0.1813	0.8149	0.7861	0.7155	0.3820	0.6145
吉　林	0.0929	0.7150	0.8432	0.9013	0.3766	0.7014
黑龙江	0.7695	1.0000	1.0000	1.0000	0.7197	0.9545
上　海	0.2353	0.8389	0.6245	0.6944	1.0000	1.0000
江　苏	0.0621	0.4321	0.4212	0.5037	0.4172	0.2672
浙　江	0.0533	0.5942	0.8856	0.9819	0.8879	0.6032
安　徽	0.0904	0.6984	0.6490	0.9035	0.8405	0.6677
福　建	1.0000	1.0000	1.0000	1.0000	0.5294	0.3554
江　西	0.5219	0.5935	0.5542	0.5855	0.7172	0.6121
山　东	0.9921	1.0000	0.9217	1.0000	0.9873	0.9004

续表

地区	2015 年	2014 年	2013 年	2012 年	2011 年	2010 年
河　南	1.0000	0.9663	0.9350	0.9566	0.9914	0.6945
湖　北	0.9046	0.8712	0.8776	1.0000	0.9197	0.9866
湖　南	0.7893	0.4707	0.6568	0.8358	0.6093	0.5369
广　东	0.3150	0.0854	0.8635	0.8037	0.8886	0.5400
广　西	0.8002	0.2309	0.7454	0.9837	0.6204	0.4800
海　南	0.9792	0.3008	0.8217	0.7922	0.6039	0.2036
重　庆	0.4406	0.0729	0.3371	0.3368	0.4542	0.0504
四　川	0.7062	0.2047	0.8097	0.7300	0.5888	0.5122
贵　州	0.3606	0.5186	0.7199	0.3331	0.5164	0.2149
云　南	0.6759	0.7713	1.0000	0.5640	0.3888	0.1261
西　藏	0.8519	0.9288	1.0000	0.5343	0.3055	1.0000
陕　西	0.9752	0.9511	1.0000	0.8908	0.6818	0.8394
甘　肃	1.0000	0.7742	1.0000	0.7531	0.4808	0.7912
青　海	0.8078	0.5142	1.0000	0.3998	0.2963	0.6645
宁　夏	0.8406	0.6496	1.0000	0.4042	0.0865	0.7258
新　疆	0.8003	0.6707	1.0000	0.3926	0.2100	0.6965

资料来源：根据国家林业和草原局国有林场和种苗管理司森林公园管理办公室提供数据整理计算得出。

　　分具体省份来看，2010 年实现有效经营的省份为天津、西藏，2011 年则是上海，2012 年是天津、河北、内蒙古、黑龙江、山东、福建、湖北，2013 年是黑龙江、福建、云南、西藏、陕西、甘肃、青海、宁夏、新疆，2014 年是天津、河北、黑龙江、福建、山东，2015 年是福建、河南、甘肃。六年时间里西部地区省份实现森林公园经营有效率经营的频次均要高于中部、东部，为什么呢？一方面，可能是因为虽然这些地区的森林公园建设经营投入水平偏低，但是产出相对较高，可能与当前旅游者更愿意去自然景观受到人为因素影响较少的区域有关；另一方面，可能是这些地区外部环境也落后于其他地区，如果将所有地区的外部环境水平调至同一水平，则相当于改善了这些地区的效率条件，此两方面因素共同作用使得西部地区偏远省份的森林公园经营效率有了较大提升。但是，也要清晰地看到，这种提升并不稳定，2013 年表现比较突出，其余年份则并不乐观，因此，需要从根本上改善提升森林公园的经营效率，建立经营效率稳定运行的机制体制。需要特别说明的是黑龙江省，自 2012 年以来一直保持有效率经营，因此，有必要对黑龙江省发展森林公园的经验实践进行总结分析，便于其他省份借鉴学习。

比较第一阶段和第三阶段的省级森林公园效率值，可以发现：在考虑环境因素和随机干扰情况下，一方面，西部地区的森林公园经营效率有了明显的提高，而东部、东北部地区的森林公园经营效率有了明显的下降，但西部地区森林公园效率多数年份仍然低于其他地区；另一方面，修正后的效率值在不同年份之间的波动特征更为明显。一方面，反映了不同地区森林公园经营效率的差异，受环境因素的影响不能忽视，在某些地区某些年份，环境因素的影响可能还占据主导，随机因素对效率的干扰也要引起足够的重视；另一方面，效率的波动反映了森林公园经营的不稳定性，不稳定的来源既包括投入方面又包括产出方面，前者可能受到国家财政支持力度、森林公园管理单位、森林公园自身的投入决策以及外部环境因素等影响，后者主要受森林公园管理水平、管理能力、营销活动以及外部环境因素和随机干扰等。因此，科学认识与评价森林公园建设经营的效率进而寻求效率提升与改善的具体方策是一项复杂的系统工程，值得进一步深入研究。

基于 2010—2015 年我国分省层次的森林公园建设经营投入产出数据，采用能够更准确测算效率的三阶段 DEA 模型，对我国省级层面森林公园经营效率的变动趋势与空间差异进行深入分析，得出以下结论：

第一，总体而言，我国森林公园经营效率在剥离了环境因素和随机因素后，呈现了明显的波动态势，森林公园效率值呈现水平"S"形的变动趋势，2013 年达到效率值最大，为 0.8028，2015 年又下降至 0.568。

　　第二，分地区而言，地区间森林公园经营效率变动趋势差异悬殊：东部地区先上升后下降，呈现倒"U"形，峰值 0.8753 在 2012 年出现；中部地区先上升后下降、再上升再下降，呈现"M"形，峰值 0.8599 在 2012 年出现；西部地区先下降后上升、又下降又上升，呈现明显的"W"形，峰值 0.8737 在 2013 年出现；东北地区先下降后上升再下降，呈现水平"S"形，峰值 0.8764 在 2013 年出现。

　　第三，分年度来看，2010 年，东北地区森林公园经营效率最高，其次是中部地区，西部地区垫底；2011 年，中部地区效率最高，其次是东部地区，西部地区垫底；2012 年，东部地区效率最高，其次是东北地区，西部地区垫底；2013 年，东北地区最高，其次是西部地区，中部地区垫底；2014 年，东北地区效率最高，其次是东部地区，西部地区垫底；2015 年，西部地区效率升至最高，其次是中部地区，东北地区降至最低。

　　第四，分省份来看，2010 年实现有效经营的省份为天津、西藏，2011 年则是上海，2012 年是天津、河北、内蒙古、黑龙江、山东、福建、湖北，2013 年是黑龙江、福建、云南、西藏、陕西、甘肃、青海、宁夏、新疆，2014 年是天津、河北、黑龙江、福建、山东，2015 年是福建、河南、甘肃。

第八章　我国森林公园环境建设的效率分析

　　森林公园是以大面积天然林或人工林为主体建设的公园，兼具森林生态与社会人文功能，为人们游憩、疗养、避暑、文娱、科研等提供良好环境，是人们近距离利用生态资源、享受生态红利的重要载体，而环境建设是维护森林公园长期处于环境友好状态的重要举措，既包括对已造成损害的环境资源修缮恢复，也包括对既有环境资源的美化优化。自1982年我国第一家国家级森林公园建立，森林公园发展已历经四十多年，森林公园数量、占地规模均有了大幅增长。然而，伴随着人们对森林公园需求的快速增长，对森林公园环境承载带来极大的挑战，由于游客素质和认识的差异，出现了大量对森林公园环境生态产生负面影响和损害的不文明行为。特别是对于处在生态脆弱地区的森林公园，环境生态承载力本身较低，面对大量游客缺少保护甚至破坏性利用环境生态资源，保护和恢复的难度空前，不利于森林公园的长期可持续发展。为此，森林公园每年投入大量资金、人力开展森林公园环境建设，将建设、保护、修缮、美化融为一体。根据国家森林公园建设与经营情况统计数据显示，投入方面，2010年环境建设资金投入25.34亿元，2016年则达到57.04亿元，7年时间翻了一倍多；产出方面，2010实现植树造林面积、改造林相面积分别从12.64万公顷、13.6万公顷，2016年分别达到8.95万公顷、15.52万公顷，植树造林面积增长不增反降，改造林相面积增长缓慢、增速偏低。面对这一事实，我们不禁要问：我国森林公园环境建设的效率到底怎么样呢？不同地区又呈现什么样的差异呢？近些年的变化趋势又如何呢？

第一节　森林公园环境建设效率测度模型

传统 DEA 模型在估计决策单元效率值时仅考虑了管理无效率的问题，因而存在较大风险出现效率值的偏差（刘满凤、李圣宏，2016）。弗莱德等（2002）也指出，决策单元外部环境影响、管理无效率、随机误差项均可能引发无效率状况发生，从而使得决策单元效率估计可能出现在效率前沿面以内，使得不同决策单元的效率估计值在进行比较时失去共同基准，相对效率值的比较以及对决策单元效率高低的判断同时失去意义。故此，弗莱德等（2002）创造性地将 DEA 模型和 SFA 模型融合，提出三阶段 DEA 方法，该方法核心关键是通过利用传统的 DEA 模型松弛变量所包含的信息，对投入（或产出）进行调整，把所有的决策单元都调整到假定的同等外部环境，再重新使用传统的 DEA 模型，计算决策单元效率值，以剔除外部环境和随机因素的影响，从而更为真实地反映各决策单元的效率（刘满凤、李圣宏，2016）。因此，本章借鉴弗莱德等（2002）、刘自敏等（2014）、崔宝玉等（2016），使用三阶段 DEA 模型进行效率测度。

一、第一阶段基础 DEA 模型

第一阶段模型是基于初始投入产出变量进行 DEA（BCC 模型）分析，BCC 模型用于处理"规模报酬可变"假设下的决策单元有效性问题，将技术效率（TE）分解为纯技术效率（PTE）和规模效率（SE），且 TE＝PTE＊SE。其中，TE 表示实现投入既定下产出最大或产出既定下投入最小的能力，SE 表示与规模有效点相比规模经济性的发挥程度，

PTE 表示剔除规模因素的效率值。本章使用 BCC 模型，计算得到各决策单元的效率以及其目标投入量。目标投入量与实际投入量的差值即等于各决策单元的径向与非径向的松弛变量之和，换言之，是各决策单元可减少的投入量。相对产出变量，森林公园环境建设更容易对投入变量进行调控，由此，本章使用投入导向的 BCC 模型测度森林公园环境建设效率。

二、第二阶段随机前沿模型（SFA）

使用随机前沿分析方法修正第一阶段的投入变量松弛量。一阶段得到的投入变量松弛值是各决策单元与处在效率前沿面的决策单元的投入值比较后的差值，该数值受到前述三种因素的共同影响。因此，需要进行修正，本章使用随机前沿模型进行分析，有 N 个投入松弛值的结构，构建投入导向的随机前沿模型为：

$$s_{ni} = F(z_i;\ \beta_n) + \nu_{ni} + \mu_{ni};\ i = 1,\ 2,\ \cdots,\ I;\ n = 1,\ 2,\ \cdots,\ N$$

$$(8-1)$$

其中，s_{ni} 表示第 i 个决策单元第 n 项投入松弛量；z_i 表示决策单元外部环境变量集，β_n 为其待估系数；函数 F（·）表示外部环境变量对因变量投入松弛值 s_{ni} 的影响大小；$\nu_{ni} + \mu_{ni}$ 为混合误差项，随机干扰项为 ν_{ni} 且 $\nu_{ni} \sim N(0,\ \sigma_{vn}^2)$；一般情况下，假设管理无效率项 μ_{ni} 服从截断分布或半正态分布，即 $\mu_{ni} \sim N^+(\mu_n,\ \sigma_{un}^2)$。当技术无效率方差占总方差的比重 $\gamma = \dfrac{\sigma_{un}^2}{\sigma_{un}^2 + \sigma_{vn}^2} \to 1$ 时，表示管理因素占据主导地位；当 $\gamma = \dfrac{\sigma_{un}^2}{\sigma_{un}^2 + \sigma_{vn}^2} \to 0$ 时，表示随机误差因素占据主导地位。

对随机干扰项 ν_{ni} 的估计，参考乔德鲁（1982）、李双杰等（2007）、罗登跃（2012）及刘自敏等（2014）所使用的策略与方法，具体是：

$$\hat{E}[\nu_{ni} \mid \varepsilon] = S_{nj} - F(z_i; \beta_n) - \hat{E}[\mu_{nj} \mid \varepsilon] \hat{E}[\mu_{nj} \mid \varepsilon]$$

$$= \mu_* + \sigma_* \frac{\varphi(\mu_*/\sigma_*)}{1 - \Phi(\mu_*/\sigma_*)} = \frac{\lambda \sigma}{1 + \lambda^2} \Big[\frac{\varphi(\mu_*/\sigma_*)}{\Phi(\mu_*/\sigma_*)} + \frac{\varepsilon_i \lambda}{\sigma} \Big]$$

$$(8-2)$$

其中，$\mu_* = -\dfrac{\sigma_{ut}^2}{\sigma^2}$，$\sigma_*^2 = \dfrac{\sigma_u^2 \times \sigma_v^2}{\sigma^2}$，$\sigma^2 = \sigma_u^2 + \sigma_v^2$，$\lambda = \dfrac{\sigma_u}{\sigma_v}$，$\varepsilon = s_{nj} - F(z_i; \beta_n)$，$\varphi(\cdot)$，$\Phi(\cdot)$ 分别为标准正态分布的密度函数和分布函数。

使用随机前沿模型的回归结果可以将决策单元调整至相同的外部环境，以消除异质性影响，使得第三步的效率计算基于同质环境，在投入导向下，我们对各决策单元的投入项进行调整。调整的思想是，将处于不同外部环境的决策单元调整至相同的外部环境，同时剔除随机误差的影响，从而获得剔除了外部环境和随机误差影响的修正投入值，可以表述为：

$$x_{ni}^* = x_{ni} + \{ \max[F(z_i; \hat{\beta}_n)] - F(z_i; \hat{\beta}_n) \} + [\max(\nu_{ni}) - \nu_{ni}],$$

$$i = 1, 2, \cdots, I; \ n = 1, 2, \cdots, N \qquad (8-3)$$

其中 x_{ni}^* 表示调整后的投入，x_{ni} 表示调整前的投入，$\max[F(z_i; \hat{\beta}_n)] - F(z_i; \hat{\beta}_n)$ 表示将决策单元调至相同的外部环境，$\max(\nu_{ni}) - \nu_{ni}$ 表示将决策单元的随机误差调至相同的自然状态。

三、第三阶段 DEA 模型

在本阶段，利用 DEA 模型，将利用第二步计算得出的调整后的投入变量与初始的产出变量，且将所有决策单元置于统一的前沿面下，采用 DEA-BCC 模型计算各决策单元效率，此时的效率值仅受到管理无效率的影响，是比较准确、科学的对决策单元的效率度量。

第二节　变量选择与描述性统计分析

一、变量选择

（一）投入与产出变量

森林公园环境建设直接关系其环境美化程度与质量，进而影响森林公园对游客的吸引力，环境越好的森林公园越容易吸引大量游客前往，同时游客量加大，对于森林公园的环境承载力有一定挑战，一定程度上会破坏森林公园的环境资源。因此，需要不断地对森林公园环境资源进行建设，既增加环境资源供给，比如植树造林，又涵盖提升环境资源质量，比如改善林相。基于此种考虑，森林公园环境建设投入指标主要包括两个方面：资本和劳动力投入，本章使用环境建设资金、森林公园职工分别表示；产出指标包括两个方面：植树造林面积、林相改造面积。各变量描述性统计结果详见表8-1。

（二）外部环境变量

依据西蒙和威尔逊（Simar，Wilson，2007）提出的"分离假设"，对于外部环境变量，其基本特征是：一是对森林公园环境建设效率能够产生显著影响，二是短期内难以被各个决策单元个体所控制或改变。具体到影响森林公园建设效率的环境变量主要包括森林公园自身特点、国家宏观经济环境、政府森林公园发展政策、人口分布及城镇化等。参考黄秀娟、林秀治（2015），陈刚、赖小琼（2015），刘自敏等（2014），郭军华等（2010）等，本章拟选择环境变量为：（1）导游人数，反映森林公园接待能力，一般而言，导游人数越多的森林公园一般客流量较大，对于环境资源的需求和损耗较大，从而可能导致环境建设投入增加；（2）社会旅游从业人员，该指标与导游人数相似，是由于森林公园导游数量有限而由社会力量自发形成的类似导游角色的一类群体，该群体规模越大，直接反映了该公园拥有较高的客流量；（3）游客总人数，该指标反映了森林公园接待游客的规模；（4）森林公园面积，该指标反映了环境建设的投入潜力，尤其是环境资源供给增加型的投入；（5）人均 GDP，反映经济发展水平，一般而言，经济发展水平越高的地区对森林公园的需求越为旺盛；（6）人口密度，若人群对于森林公园需求概率一致，人口密度大的地区，累计对森林公园需求量也会明显大于人口稀疏地区，而且森林公园建设经营是一项重要的应该由政府提供的公共服务，有不少研究发现人口密度对政府公共服务提供效率具有一定影响（Athanassopoulose，1998；Afonso，2008），本章采用每平方公里人口数测度人口密度；（7）城镇人口比例，一般而言，城镇人口对森林公园的需求要远大于农村人口，城镇人口比例越高，相应对于森林公园的需求越多；（8）森林火灾次数与受火灾面积，森林火灾并不一定发生在森林公园，但是会对消费者的森林公园认知产生一定负面影响，同时对该区域环境造成一定影响；（9）森林病虫鼠害面积，病虫鼠害等是对森林健康能产生严重威胁的因素，在森林公园中这一问题同样严重，不仅影响森林本身、森林公园的正常经营，而且还会对森林环境建设产生影响；（10）铁路里程、高速公路里程，此两个指标是反映基础设施状况的，对于森林公园而言，便利的基础设施可以极大地提高其利用率；（11）地区虚拟变量，参考续竞秦等（2011）研究，我国东中西部地区在资源禀赋和发展水平等方面存在显著差异，以此推断，我国森林公园环境建设也可能存在地区间的显著差异，因此在文中设置了地区虚拟变量，分为东部、中部、西部和东北地区。各变量描述性统计结果详见表 8-1。

表8-1 各变量描述性统计结果

变量名称	均值	标准差	最小值	最大值
投入变量				
环境建设资金（万元）	14997.54	16495.38	25	77076.2
劳动力投入（人）	5122.242	4362.04	86	18695
产出变量				
植树造林面积（公顷）	3480.674	3618.43	0	25437.5
林相改造面积（公顷）	5448.37	7065.34	0	40885.52
外部环境变量				
导游人数（人）	536.11	470.85	12	2029
社会旅游从业人数（人）	22987.66	28177.48	26	174083
游客总量（万人）	1885.285	2143.14	18.6	14795.01
森林公园面积（万公顷）	56.25	58.45	0.195	249.67
人均GDP（万元/人）	4.46	2.13	1.31	10.80
人口密度（人/平方公里）	446.56	679.91	2.459	3825.895
城镇化率（%）	53.87	13.91	22.667	89.61
森林火灾次数（次）	149.5	261.64	0	2537
森林火灾受灾面积（公顷）	715.86	1539.55	0	11737.6
森林病虫鼠害面积（公顷）	38.05	32.39	0.44	176.08
铁路通车里程（万公里）	0.33	0.199	0.04	1.21
高速公路历程（万公里）	0.32	0.166	0	0.7
地区因素（东部=1，中部=0，西部=2，东北=3）	1.39	0.907	0	3
观察值	186			

资料来源：根据国家林业和草原局国有林场和种苗管理司森林公园管理办公室提供数据整理计算得出。

二、数据来源

本章使用省级层面森林公园数据，来源有两个：一是中国森林公园统计数据资料，数据可查时段为2010—2015年，本章所使用投入产出数据来源于此；二是国家统计局网站下的宏观统计数据，本章所使用外部环境变量数据来源于此。在森林公园数据统计中，执行的统计口径并非完全按照省、自治区、直辖市，在内蒙古自治区、吉林省、黑龙江省分别将内蒙古森工集团、吉林森工集团、龙江森工集团下属的森林公园单列进行统计，但是该口径与国家宏观经济统计数据不一致，在环境变量的处理方面无法进行拆分，故将三家森工集团所属的森林公园统计纳入所在省区市的范畴内。此外，由于数据的局限，香港、澳门、台湾等地的森林公园也没有进入到本章的分析样本中，特此说明。

第三节 森林公园环境建设效率实证结果分析

一、第一阶段模型效率结果

采用 STATA15.0 软件，使用 DEA-BCC 模型在不考虑外部环境异质性因素的情况下，计算我国省级层面森林公园环境建设效率值，具体如表 8-2 所示。通过分析，我们发现：总体而言，我国森林公园环境建设效率偏低且呈现下降趋势，平均效率值从 2010 年的 0.4013 降至 2015 年的 0.2364，局部年份有微幅上升，但下降的趋势更为明显；分地区来看，地区之间的森林公园环境建设效率差异显著，东部地区的森林公园建设效率偏低且呈现下降趋势，2010 年效率最高为 0.2648，此后效率一直不佳，2015 年仅有 0.1920；中部地区效率连年下降，2010年最高，达到 0.5001，高于全国平均水平，也高于其他三个地区，但是之后却呈现大幅下滑，2015 年仅有 0.1309；西部和东北地区环境建设效率呈现波动下降趋势，2012 年以前，西部地区环境建设效率值高于东北地区，此后一直低于东北地区，且差距不断扩大。分省份来看，森林公园环境建设效率的省际差异更大，东南部发达地区省份的效率普遍偏低，反而中西部和东北地区的效率值处于较高水平。从表 8-2 可以看出不同省份森林公园环境建设效率的大小及其变动情况，从数值来看，黑龙江、内蒙古、青海、西藏、宁夏、云南、河南等省份的效率值较为突出。

表 8-2　第一阶段 DEA 模型估计的技术效率值

地区	2010 年	2011 年	2012 年	2013 年	2014 年	2015 年
全国平均	0.4013	0.2832	0.2971	0.3013	0.2450	0.2364
东部平均	0.2648	0.2341	0.2223	0.2328	0.2043	0.1920
中部平均	0.5001	0.2099	0.2077	0.1608	0.1538	0.1309
西部平均	0.4685	0.3834	0.3757	0.3819	0.2219	0.2883
东北平均	0.3895	0.1932	0.4103	0.4885	0.6553	0.3876
北　京	0.1721	0.1561	0.3776	0.4107	0.1898	0.3230
天　津	1.0000	1.0000	0.8761	1.0000	0.6591	0.6609
河　北	0.2939	0.0663	0.1798	0.1591	0.3454	0.1547
山　西	1.0000	0.2763	0.1261	0.1642	0.1524	0.0756
内蒙古	0.4696	0.4448	0.5299	1.0000	0.2585	0.8182
辽　宁	0.0740	0.0836	0.1229	0.0724	0.0695	0.0659
吉　林	0.1143	0.1803	0.2421	0.3931	1.0000	0.0968
黑龙江	0.9801	0.3157	0.8660	1.0000	0.8965	1.0000
上　海	0.1755	0.1957	0.2010	0.2026	0.2036	0.1831
江　苏	0.0381	0.0524	0.0552	0.0493	0.0527	0.0366
浙　江	0.1740	0.0541	0.0389	0.0395	0.0292	0.0498
安　徽	0.0906	0.0807	0.0602	0.0708	0.0980	0.0706
福　建	0.2212	0.1627	0.1021	0.1389	0.0992	0.1195
江　西	0.2701	0.2733	0.1834	0.1173	0.1663	0.1809
山　东	0.1323	0.1626	0.2443	0.1911	0.2190	0.1425
河　南	0.5764	0.3401	0.5766	0.3412	0.2826	0.1424
湖　北	1.0000	0.1503	0.1602	0.1326	0.0915	0.2542
湖　南	0.0636	0.1389	0.1397	0.1388	0.1318	0.0614
广　东	0.2015	0.0839	0.0943	0.0893	0.1425	0.1412
广　西	0.0498	0.0743	0.0528	0.0989	0.0585	0.0726
海　南	0.2396	0.4069	0.0538	0.0473	0.1027	0.1085

续表

地区	2010 年	2011 年	2012 年	2013 年	2014 年	2015 年
重　庆	0.3068	0.3989	0.1464	0.1528	0.2447	0.1000
四　川	0.1204	0.0903	0.1110	0.0621	0.0567	0.0426
贵　州	0.2699	0.1380	0.0770	0.0511	0.1271	0.0809
云　南	0.5950	0.2366	0.5968	0.1817	0.1944	0.0847
西　藏	1.0000	1.0000	1.0000	0.8047	0.6518	0.6076
陕　西	0.2942	0.2949	0.1857	0.4351	0.0980	0.0739
甘　肃	0.8702	0.5456	0.2313	0.1992	0.2421	0.1636
青　海	0.9889	0.7620	1.0000	1.0000	0.4710	1.0000
宁　夏	0.4802	0.3597	0.2821	0.1426	0.1642	0.3051
新　疆	0.1770	0.2555	0.2957	0.4548	0.0961	0.1110

资料来源：根据国家林业和草原局国有林场和种苗管理司森林公园管理办公室提供数据整理计算得出。

二、第二阶段随机前沿模型松弛变量校正结果

由于不同地区的经济社会发展水平、森林公园环境建设等方面差异，在以省份为决策单元的考量中，各地区的禀赋条件差异悬殊，不同地区森林公园环境建设的自然条件、人文环境均不相同。但是，第一阶段的 DEA 模型所计算的效率值并未对这些因素予以考虑，而是简单地假定相同，不做专门考虑，因此，此时所得出的效率值可能面临较大的偏差风险。基于此，本节利用随机前沿模型方法进行纠偏和调整，基于半正态分布假设，采用随机前沿模型方法，对第一阶段投入变量的松弛变量进行纠正，即是以投入松弛变量为因变量，以环境变量为自变量，进行随机前沿分析。由于本章使用样本数据涉及不同年份，本章在随机前沿模型的估计中对地区和时间因素同时进行控制，具体结果如表 8-3 所示。

表 8-3 第二阶段产出松弛变量的随机前沿模型估计结果

变量名称	环境建设资金投入松弛变量	劳动力投入数量松弛变量
常数项	12711.27 （13231.3）	3029.196 （5117.11）
导游数量	5.7945** （2.691）	2.2495*** （0.5692）
社会旅游从业人员	0.0805* （0.0412）	0.0325*** （0.009）
游客总量	3.5673*** （0.5068）	0.597*** （0.107）
森林公园总面积	−55.018*** （18.931）	4.113 （4.004）
人均GDP	0.4507*** （0.1003）	0.0738*** （0.0212）
人口密度	−0.2307 （1.6527）	−0.7425** （0.3496）
城镇化率	−574.308*** （161.402）	−87.006** （34.14）
森林火灾次数	−3.542 （3.474）	1.512** （0.735）
森林火灾受灾面积	0.5641 （0.5867）	0.08 （0.124）
森林病虫鼠害面积	80.4208** （34.9789）	−7.2685 （7.3988）
省域内铁路通车里程	−17893.78** （8572.81）	−3005.57* （1813.34）
省域内高速公路里程	13718.49 （10217.4）	3779.96* （2161.21）
东部地区	−122.1894 （2691.29）	44.378 （569.27）
西部地区	48.897 （2324.61）	−1319.97*** （491.71）
东北地区	10360.74*** （3651.115）	−1117.75 （772.29）
2011年	2111.324 （2396.8）	309.79 （506.99）
2012年	990.605 （2554.49）	5.07 （540.33）
2013年	1743.76 （2713.38）	−134.1 （573.95）
2014年	−1477.293 （2832.84）	−667.78 （599.21）
2015年	−3508.78 （3004.2）	−548.22 （635.46）
$\sigma 2$	8.22e+07	3.68e+6
γ	0.99***	0.99***
Log likelihood	−1948.29	−1660.908

注：（1）括号内为标准差；（2）*、**、*** 分别表示10%、5%、1%的显著性水平。
资料来源：作者计算整理而成。

从表8-3可以看出，γ值均极度接近1，说明技术无效率方差占总方差的比重非常大，经营管理方面的因素对产出松弛变量的影响占据绝对主导地位，此时若不利用随机前沿模型进行环境因素和随机因素的剥离，所得出的效率值将会存在明显偏差。

　　基于随机前沿模型结果，影响环境建设资金投入松弛变量的变量：（1）导游数量、社会旅游从业人员、森林公园游客总量、人均 GDP、森林病虫鼠害面积等变量对森林公园环境建设资金投入松弛变量均产生显著正向影响，这些因素的增加和提高均会不同程度地提高森林公园环境建设的投入资金松弛变量，也即是节约环境建设资金的投入，在产出保持稳定的情况下可以有效地提高环境建设效率，换个角度，增加导游数量、社会旅游从业人员、提高森林公园游客规模、提升人均 GDP 等均可以提升增加环境建设资金投入松弛变量，实现实际环境建设投资的节约，也可以在不减少环境建设投入资金的情况下提高使用强度；（2）森林公园总面积、城镇化率、省域内铁路通车里程等变量对森林公园环境建设资金投入松弛变量具有显著负向影响，因此，扩大森林公园面积、提高城镇化水平、增加铁路基础设施供给会显著地降低环境建设投入资金松弛变量，即是增加环境建设资金投入力度，当这些因素提高或增加时，必须同步增加环境建设投入；（3）在地区差异方面，与中部地区相比，东部地区和西部地区森林公园环境建设投入资金松弛变量不存在显著的地区差异，东北地区则存在显著的地区差异；（4）不同年度并未发现环境建设资金投入松弛变量存在显著差异。

　　以环境建设劳动力投入数量松弛变量为因变量的模型结果：（1）导游数量、社会旅游从业人员、森林公园游客总量、人均 GDP、森林火灾次数、省域内高速公路里程等变量对环境建设劳动力投入数量松弛变量具有显著的正影响，增加或提升这些变量将导致环境建设劳动力松弛变量变大，实际则是节约劳动力投入，从某种意义上讲，当前环境建设劳动力投入有些偏多，这是导致环境建设效率低下的又一原因，进一步分析，可能存在"出勤不出力""人浮于事"的现象，当前森林公园环境建设管理体制只能做到投入劳动力规模的控制调配，却无法控制高质量的劳动投入；（2）人口密度、城镇化率、省域内铁路通车里程则对环境建设劳动力投入数量松弛变量具有显著的负影响，提高或增加这些变量可以相应降低或减少劳动力投入松弛变量，进而增加了劳动力投入，即当森林公园在人口密度高、城镇化水平高、铁路发达的地区，提高森林公园环境建设需要投入更多的劳动力，也反映了这些地区环境建设的劳动密集特征；（3）中西部地区存在显著的地区差异，中部与东北、东部地区不存在显著的地区差异；（4）不同年份并未发现劳动力投入数量松弛变量的显著差异。

三、第三阶段模型效率结果

经过第二阶段对投入变量松弛变量的调整修正，再次利用原始产出和修正后的投入变量，构建投入导向的 DEA 模型，计算森林公园环境建设效率值，如表 8-4 所示。

从单纯效率数值来看，全国平均而言，剥离了环境因素和随机因素后的效率值普遍呈现下降趋势：2010—2015 年间直接测算效率值分别为 0.4013、0.2832、0.2971、0.3013、0.2450、0.2364，修正之后的效率值分别为 0.2503、0.2745、0.2219、0.2568、0.2406、0.2302，分别下降了 0.151、0.0087、0.0752、0.0445、0.0044、0.0062，反映了直接测算效率值可能带来效率的高估。与此类似，西部地区森林公园环境建设效率也呈现同样特征。而东部和东北地区的森林公园环境建设效率既存在部分年份被低估的现象，也存在部分年份被高估的情况。以东部地区为例，2014 年、2015 年效率被低估，其余年份被高估；东北地区则是在 2010 年、2012 年、2014 年被高估，其余年份被低估。中部地区的森林公园环境建设效率均被低估，修正后效率值分别提升 0.0224、0.1694、0.109、0.1272、0.0912、0.1239。修正后的效率结果差异悬殊，说明了考虑环境因素和随机干扰因素对准确测度效率的重要性和必要性。

从效率变化趋势来看，森林公园环境建设效率呈现明显波动现象。

全国平均而言，森林公园效率值呈现"M"形的变动趋势，2011 年达到效率值最大，为 0.2745；分地区而言，四个地区的效率变动趋势各有特点，波动性是其共性特征，但波动的轨迹和程度却各有不同，东部地区先上升后下降、再上升再下降，呈现"M"形，峰值 0.2467 在 2014 年出现；中部地区呈现直线下降趋势，从 0.5225 一直下降至 0.2548；西部地区一直处在上升下降的波动中，呈现明显的锯齿形，峰值 0.2833 在 2011 年出现；东北地区先下降后上升再下降，呈现"N"形，峰值 0.6448 在 2014 年出现。

分年度来看，2010 年，中部地区森林公园环境建设效率最高，其次是东北地区，西部地区垫底；2011 年，中部地区最高，其次是东北地区，东部地区垫底；2012 年，东北地区效率最高，其次是中部地区，东部地区垫底；2013 年，东北地区最高，其次是中部地区，东部地区垫底；2014 年，东北地区最高，其次是东部地区，西部地区垫底；2015 年，东北地区最高，其次是中部地区，西部地区降至最低。

表 8-4　第三阶段 DEA 模型估计的技术效率值

地区	2010 年	2011 年	2012 年	2013 年	2014 年	2015 年
全国平均	0.2503	0.2745	0.2219	0.2568	0.2406	0.2302
东部平均	0.1833	0.1858	0.1764	0.2104	0.2467	0.2321
中部平均	0.5225	0.3793	0.3167	0.288	0.245	0.2548
西部平均	0.1508	0.2833	0.1772	0.2147	0.1322	0.1668
东北平均	0.3273	0.3250	0.3630	0.5177	0.6448	0.4283
北　京	0.0469	0.0500	0.1216	0.0912	0.0639	0.0949
天　津	0.0156	0.0162	0.0208	0.0290	0.0159	0.0173
河　北	0.1738	0.0695	0.1257	0.1088	0.5624	0.3345
山　西	0.9632	0.3783	0.1131	0.1655	0.1133	0.0768
内蒙古	0.2299	0.5151	0.3948	0.6352	0.2979	0.7213
辽　宁	0.1380	0.1931	0.1984	0.1018	0.0849	0.1145
吉　林	0.2674	0.2246	0.1978	0.4512	1.0000	0.1704

续表

地区	2010 年	2011 年	2012 年	2013 年	2014 年	2015 年
黑龙江	0.5764	0.5573	0.6929	1.0000	0.8496	1.0000
上　海	0.0148	0.0154	0.0166	0.0176	0.0171	0.0233
江　苏	0.1352	0.2053	0.2399	0.2721	0.2628	0.2281
浙　江	0.2886	0.2398	0.1597	0.2444	0.1161	0.1494
安　徽	0.0614	0.1149	0.0626	0.1040	0.0632	0.0830
福　建	0.1472	0.1273	0.1743	0.2184	0.1673	0.2017
江　西	0.4968	0.5762	0.3031	0.2725	0.3202	0.3959
山　东	0.4991	0.6700	0.5165	0.7161	0.6350	0.5786
河　南	0.5031	0.5318	0.7644	0.4760	0.3489	0.3147
湖　北	0.9763	0.3422	0.2987	0.2787	0.1727	0.3446
湖　南	0.1345	0.3326	0.3580	0.4315	0.4517	0.3140
广　东	0.4698	0.3102	0.3626	0.3801	0.5359	0.5726
广　西	0.0554	0.0589	0.0504	0.0910	0.0372	0.0754
海　南	0.0422	0.1548	0.0267	0.0258	0.0905	0.1204
重　庆	0.3254	0.6021	0.2616	0.3487	0.3753	0.3238
四　川	0.1892	0.2078	0.3046	0.1246	0.1122	0.0858
贵　州	0.2059	0.1619	0.1386	0.0742	0.1592	0.2339
云　南	0.1427	0.0681	0.1672	0.0971	0.0612	0.0498
西　藏	0.0154	0.0552	0.0157	0.0282	0.0144	0.0147
陕　西	0.2471	0.1839	0.2249	0.4214	0.1865	0.1190
甘　肃	0.1973	0.2319	0.1460	0.1854	0.1632	0.1254
青　海	0.1288	0.2276	0.2791	0.3178	0.1216	0.1494
宁　夏	0.0327	1.0000	0.0649	0.0624	0.0309	0.0600
新　疆	0.0402	0.0874	0.0788	0.1908	0.0265	0.0435
北　京	0.0469	0.0500	0.1216	0.0912	0.0639	0.0949
天　津	0.0156	0.0162	0.0208	0.0290	0.0159	0.0173
河　北	0.1738	0.0695	0.1257	0.1088	0.5624	0.3345

资料来源：根据国家林业和草原局国有林场和种苗管理司森林公园管理办公室提供数据整理计算得出。

分省份来看，比较表 8-2 和表 8-4 可以通过数值比较发现：考虑外部环境因素和随机干扰因素情况下的森林公园环境建设效率与之前不考虑这些因素的效率值出现了明显的变化。第一，西部的新疆、西藏、青海、云南、甘肃、四川等地的森林公园环境建设效率明显下降，而中东部的山东、河南、湖北、江西、湖南、广东等地效率明显提升。第二，黑龙江、内蒙古的环境建设效率在修正之后仍然保持相对较高水平，而天津等地则出现了大幅的下降。第三，同一省份在不同年份的环境建设效率差异悬殊，波动性更为明显，少有省份能够稳定地保持环境建设的高效率。

四、效率结果讨论

针对前一部分效率结果，有必要进一步说明解释：第一，关于效率值的高低，全国范围内森林公园环境建设效率偏低是显而易见的，由于DEA 模型测度的是相对效率，说明仅有个别地区个别年份实现了较高的环境建设效率，大部分地区大部分年份都相对缺乏效率。西部地区由于干旱少雨且气候条件恶劣，森林公园环境改善比较困难，投入可能没有有效产出，从而导致效率低下比较容易理解。但是，不易理解的是，东部发达省份比如天津、江苏、浙江、福建等地，森林公园环境建设效率值均比较低，究竟是什么原因呢？一方面是投入多，由于东部发达地区资金约束相对较小，不论是政府投资还是森林公园自筹或其他资金，都能保证比较充足的资金投入；另一方面是产出有限，由于本章使用植树造林面积、改造林相面积作为产出，此为单纯的数量产出，没有将产出质量纳入考虑，东部发达地区本身具备较好的自然气候以及森林植被条件，伴随着经济快速发展，人们对森林公园的需求日益旺盛，促进了森林公园自身环境建设的不断完善，2010 年以来，虽然每年都会投入大量资金来改善环境建设，但是使用数量衡量的产出一直难有大幅增加，也就导致了产出"偏低"，进而得出效率低下的结果。

第二，关于效率值的准确性，本章使用三阶段 DEA 模型的初衷即是考虑到直接测度效率值的偏差问题，但是修正后的效率值的准确性如何呢？可以确定，比不考虑外部环境和随机干扰因素的情况精确性提高了，此为本章使用三阶段 DEA 模型的目的。但是，不能局限于此，对于森林公园，资金和劳动力投入相对容易控制，但是环境改善的产出并不容易识别，单纯地从空间上考虑面积本身就是一个有偏的处理，此外，环境改善具有明显的外部性，也具有不易衡量的正向产出，比如精细美观的林相改造比粗糙的林相改造有更多的美观产出却不易衡量，有层次、考虑科学合理树种林木结构的造林比稀疏随便的造林有更多的高质量造林产出同样不宜测度。因此，产出指标的模糊性、简单化可能就已经为效率结果埋下偏差的种子。不仅如此，由于不同省、自治区、直辖市的自然禀赋等条件差异悬殊，不同省份森林公园环境建设投入的效率前沿面可能会受到个别极大值（产出）或极小值（成本）的不合理拉动，而产生效率前沿面的偏移，也可能导致效率估计的偏差。

基于 2010—2015 年我国分省层次的森林公园环境建设投入产出数据，采用能够更准确测算效率的三阶段 DEA 模型，对我国省级层面森林公园环境建设效率的变动趋势与空间差异进行深入分析，得出以下结论：

第一，从单纯效率数值来看，剥离了环境因素和随机因素后的效率值普遍呈现下降趋势：2010—2015 年间，全国平均效率值分别下降了 0.151、0.0087、0.0752、0.0445、0.0044、0.0062，西部地区森林公园环境建设效率也出现了不同程度的下降，反映了第一阶段常规效率测算结果对效率判断的高估；而东部和东北地区的森林公园环境建设效率既存在部分年份被低估的现象，也存在部分年份被高估的情况。

第二，从效率变化趋势来看，森林公园环境建设效率呈现明显波动现象。全国平均而言，森林公园效率值呈现"M"形的变动趋势，2011

年达到效率值最大，为 0.2745；东部地区先上升后下降、再上升再下降，呈现"M"形，峰值 0.2467 在 2014 年出现；中部地区呈现直线下降趋势，从 0.5225 一直下降至 0.2548；西部地区一直处在上升下降的波动中，呈现明显的锯齿形，峰值 0.2833 在 2011 年出现；东北地区先下降后上升再下降，呈现"N"形，峰值 0.6448 在 2014 年出现。

第三，分年度来看，2010 年，中部地区森林公园环境建设效率最高，其次是东北地区，西部地区垫底；2011 年，中部地区最高，其次是东北地区，东部地区垫底；2012 年，东北地区效率最高，其次是中部地区，东部地区垫底；2013 年，东北地区最高，其次是中部地区，东部地区垫底；2014 年，东北地区最高，其次是东部地区，西部地区垫底；2015 年，东北地区最高，其次是中部地区，西部地区降至最低。

第九章 结论与展望

第一节 研究结论

发展森林旅游是森林公园转型发展的重要内容，是贯彻落实生态文明国家战略，积极践行"绿水青山就是金山银山"发展理念的生动实践。从理论和实践两个角度看，影响森林公园发展森林旅游的影响因素是复杂多元的，存在着不同的影响机制和路径，也会对森林公园的经营效率、旅游效率产生影响。本书基于森林公园的微观数据，结合森林公园所在城市的宏观经济、产业和环境等数据，构建整合的面板数据，采用计量经济学方法对影响森林公园发展森林旅游的因素以及效率问题进行了全面、系统、科学的分析和讨论，主要的研究结论可以概括如下：

第一，关于保护性投资对森林公园发展旅游影响的分析。主要结论是：森林公园的保护性投资不能增加森林公园的旅游人次，还会显著降低森林公园的旅游收入，背离了保护性投资通过保护森林资源和自然景观为旅游者欣赏和游览提供便捷条件从而促进旅游增长的目标；不同等级、不同地区森林公园的保护性投资对其旅游收入和旅游人次的影响显著不同，保护性投资对国家级森林公园的旅游收入有显著的负影响，对省级森林公园的旅游人次有显著的负影响，保护性投资对东部和中部地区森林公园的旅游收入有显著负影响，而对西部地区森林公园的旅游人次有显著正影响；保护性投资对森林公园旅游人次的影响具有滞后性，当年增加保护性投资额能够在第二年吸引更多旅游者。

第二，关于不同类型投资对森林公园旅游发展影响的研究。主要结论是：增加政府投资可以提升森林旅游吸引力，导致旅游总人数和总收入同步增长，但是门票收入会相应减少；政府投资的重点虽然不是为了改善食宿设施条件、供给旅游娱乐设施和服务，但却具有明显的正外部性，对森林旅游发展具有积极影响；公园自筹资金增多可以显著促进旅游总人数和海外旅游人数的增长，同时带来门票收入、食宿收入、娱乐收入及旅游总收入的增长；引入社会私人资本越多，越能吸引国内外游客进入森林公园，同时带来食宿收入、娱乐收入和旅游总收入的增加；减少森林公园对"门票经济"的依赖，既可以加大政府投资，强制要求森林公园降低门票价格，也可以加大引入社会私人资本，通过市场手段供给数量更多、质量更优的旅游设施和服务，增加娱乐收入和食宿收入来弥补门票收入的下降从而实现森林旅游发展转型；不同投资对不同地区、不同等级森林公园的各项旅游收入和旅游人数的影响具有显著异质性。

第三，关于基础设施对森林公园发展旅游影响的研究。主要结论是：车船交通工具对森林旅游收入和人数均无显著影响，游步道和住宿设施对森林公园旅游收入和人数均有显著正影响，餐饮设施对旅游人数有显著正影响而对旅游收入无影响；不同基础设施对森林旅游收入和人数的影响在不同等级森林公园、不同地区森林公园都表现出了明显的异质性；不同基础设施对国家级森林公园旅游收入和旅游人数的影响也存在显著差异。

第四，关于雾霾污染对森林公园发展旅游影响的研究。主要结论是：PM$_{2.5}$浓度均值对森林旅游总收入、门票收入、食宿收入均有显著正影响，显著性水平为10%，对娱乐收入影响不显著，对旅游总人数具有显著负影响，显著性水平为10%，对海外旅游人数影响不显著；PM$_{2.5}$浓度方差仅对食宿收入有显著负影响，显著性水平为5%；雾霾污

163

染对森林旅游各项收入和旅游人数的影响在不同等级森林公园间、不同地区间存在明显异质性。

第五，关于森林公园发展旅游效率的研究。主要结论是：国家级森林公园的旅游效率显著高于省级和县级森林公园；导游数量的增加对提高森林公园的旅游效率具有显著积极影响；与收门票的公园相比，免门票也能带来森林公园旅游效率的提升；森林公园所在城市的人口规模、人均 GDP、三产占比、公共交通设施都对森林公园的旅游效率有显著正向的影响。

第六，关于省级层面森林公园经营效率的研究。主要结论是：总体而言，我国森林公园经营效率在剥离了环境因素和随机因素后，呈现了明显的波动态势，森林公园效率值呈现水平"S"形的变动趋势，2013年达到效率值最大，为 0.8028，2015 年又下降至 0.568。分地区而言，地区间森林公园经营效率变动趋势差异悬殊：东部地区先上升后下降，呈现倒"U"形，峰值 0.8753 在 2012 年出现；中部地区先上升后下降、再上升再下降，呈现"M"形，峰值 0.8599 在 2012 年出现；西部地区先下降后上升、又下降又上升，呈现明显的"W"形，峰值 0.8737 在 2013 年出现；东北地区先下降后上升再下降，呈现水平"S"形，峰值 0.8764 在 2013 年出现。分年度来看，2010 年，东北地区森林公园经营效率最高，其次是中部地区，西部地区垫底；2011 年，中部地区效率最高，其次是东部地区，西部地区垫底；2012 年，东部地区效率最高，其次是东北地区，西部地区垫底；2013 年，东北地区最高，其次是西部地区，中部地区垫底；2014 年，东北地区效率最高，其次是东部地区，西部地区垫底；2015 年，西部地区效率升至最高，其次是中部地区，东北地区降至最低。分省份来看，2010 年实现有效经营的省份为天津、西藏，2011 年则是上海，2012 年是天津、河北、内蒙古、黑龙江、山东、福建、湖北，2013 年是黑龙江、福建、云南、西藏、陕西、甘肃、青海、宁夏、新疆，2014 年是天津、河北、黑龙江、福建、山东，2015 年是福建、河南、甘肃。

第七，关于森林公园环境建设效率的分析。主要结论是：从单纯效率数值来看，剥离了环境因素和随机因素后的效率值普遍呈现下降趋势：2010—2015 年间，全国平均效率值分别下降了 0.151、0.0087、0.0752、0.0445、0.0044、0.0062，西部地区森林公园环境建设效率也出现了不同程度的下降，反映了第一阶段常规效率测算结果对效率判断的高估；而东部和东北地区的森林公园环境建设效率既存在部分年份被低估的现象，也存在部分年份被高估的情况。从效率变化趋势来看，森林公园环境建设效率呈现明显波动现象。全国平均而言，森林公园效率值呈现"M"形的变动趋势，2011 年达到效率值最大，为 0.2745；东部地区先上升后下降、再上升再下降，呈现"M"形，峰值 0.2467 在2014 年出现；中部地区呈现直线下降趋势，从 0.5225 一直下降至0.2548；西部地区一直处在上升下降的波动中，呈现明显的锯齿形，峰值 0.2833 在 2011 年出现；东北地区先下降后上升再下降，呈现"N"形，峰值 0.6448 在 2014 年出现。分年度来看，2010 年，中部地区森林公园环境建设效率最高，其次是东北地区，西部地区垫底；2011 年，中部地区最高，其次是东北地区，东部地区垫底；2012 年，东北地区效率最高，其次是中部地区，东部地区垫底；2013 年，东北地区最高，其次是中部地区，东部地区垫底；2014 年，东北地区最高，其次是东部地区，西部地区垫底；2015 年，东北地区最高，其次是中部地区，西部地区降至最低。

第二节　研究展望

基于前文研究，如何在新时代更好地推动森林公园和森林旅游高质量发展是当前和今后必须要面对和考虑的重大理论和现实问题。"创新、协调、绿色、开放、共享"的新发展理念提供了明确指引和根本遵循，森林公园要在发展森林旅游的实践中贯彻落实好新发展理念，走出一条具有鲜明时代特色的森林旅游发展之路，助力森林公园发展的新时代转型。立足前文的研究内容和研究结论，展望未来，给我们新的启发和思考。

第一，不能因为保护性投资不能积极促进森林公园的旅游收入和旅游人次增长就否定保护性投资，保护性投资对森林公园可持续发展具有重要意义。不同于其他类型的自然保护区，合理利用森林公园风景资源发展森林旅游是森林公园的核心职能，保护性投资的目的不单纯是为了保护优质特色的森林景观资源，而是借助保护性投资建设和完善便于游客欣赏、游览和探索森林资源的渠道和载体，从而促进森林公园旅游发展。如何合理利用森林公园内部资源实现保护和利用的双赢，还有待进一步的深入探讨和研究。

第二，如何让保护性投资发挥促进森林旅游发展的作用，成为当前和今后森林旅游发展迫切需要解决的重要问题，形成保护性投资不仅具有保护森林资源的功能，同时也能发挥促进森林旅游的作用。核心路径还是要使森林公园由"输血型"发展向"造血型"发展转变，对于不同等级、不同地区森林公园区别对待、因地制宜，破解保护性投资不能促进森林旅游发展的症结，同时认识到保护性投资在促进森林公园旅游发展方面具有一定的滞后性。通过多种形式的旅游开发，广泛吸引社会资本参与，发展森林旅游，兼顾开发性投资和保护性投资，并逐步提升保护性投资的比重和质量，要通过进一步加强研究探讨，真正摒弃"开发就难以保护，保护就难以发展"的旧模式，寻求"开发就是保护，保护促进发展"的新模式。

第三，不同来源资金在投向森林公园时不能紧紧盯住森林旅游这个单一目标，要适当承担森林公园的森林生态、景观资源、人文景物等的保护与修复职能。积极引入社会私人资本投资森林旅游，通过市场机制引入现代旅游经营管理的理念和技术，提升森林旅游的层次和质量，逐步转变森林公园过度依赖"门票经济"的既有发展模式。充分考虑不同地区、不同等级森林公园的特质性，深化研究在推动森林旅游发展中注重保护特色、鼓励创新。坚持森林旅游发展不能损害森林公园森林资源、景观与人文景物等的底线，很有必要持续积极探索"保护中快速发展、发展中更好地保护"的发展路径。

第四，森林公园发展森林旅游要高度重视基础设施建设，游步道建设应该优先考虑，其次是住宿设施和餐饮设施，而餐饮设施的发展重点是增加公共餐位供给，可以在游步道沿途均匀布点，车船交通工具要减量供给。显然，现实中不少森林公园大量投资于车船等交通工具的行为并不合理，要进一步加强研究论证，形成更加有力的决策支撑。从现实来看，可喜的是，森林步道建设已经引起了政府有关部门的重视，2017年11月13日，原国家林业局公布第一批国家森林步道名单，分别是秦岭、太行山、大兴安岭、罗霄山、武夷山5条国家森林步道。2018年11月26日，国家林业和草原局公布第二批国家森林步道，包括天目山、南岭、苗岭、横断山4条国家森林步道。2019年8月5日，国家林业和草原局公布第三批国家森林步道，包括小兴安岭、大别山、武陵山3条国家森林步道。但是，森林步道的作用、功能和影响等都还需要更详细、科学、严谨的研究论证，形成更加有价值、有说服力、有影响力的研究成果。

第五，从基础设施角度，不同等级、不同地区森林公园发展森林旅游的推进重点有明显差异，需区别对待，值得进一步研究。对国家级森林公园，游步道建设应该放在优先发展地位，对旅游收入增加和旅游人数增长都有积极影响，对省级和县市级森林公园，车船交通工具的影响相比其他因素可能更大。意图多增加旅游收入的森林公园，与多吸引旅游人数的森林公园，其基础设施的选择重点也不一样，如何进行有效兼顾，是当前和今后需要重点思考和研究的问题。森林公园可以在特色住宿和餐饮方面进行创新，结合森林公园已有的天然材料，或融入现代科技或保持纯天然原味，提供特色食宿产品和服务，提高森林旅游体验质量，提升森林公园的吸引力。

第六，充分利用森林公园资源，培育旅游特色，进一步提高森林公园的旅游吸引力，让森林公园成为雾霾天气下人们旅游的主要目的地。从前文模型结果看，雾霾污染加重会对森林公园的旅游收入和人数产生显著正影响，即是由于雾霾污染的原因，一部分游客选择了森林旅游，既满足旅游需求，又可以一定程度上防范雾霾污染带来的负面影响。其中的影响机制和路径仍有待进一步厘清，值得深入研究。要吸引更多的旅游者走进森林公园，就需要森林公园通过改善旅游资源、提升旅游服务，同时加强森林对人体身心健康的多种有益影响理念的宣传。如何更好地吸引旅游者进入森林公园，还有很多方面值得深化研究和探索。

第七，雾霾污染可能给森林旅游发展提供了难得的机遇，已有研究表明雾霾污染对其他旅游业态的影响以负面为主，而本研究发现雾霾污染对森林旅游则有诸多正面影响。因此，不同等级、不同地区森林公园要充分考虑自身特色和实际，供给高质量旅游资源，既要吸引大量旅游者走进森林公园，更要吸引旅游者住下来，让旅游者留下来，这里面有很多问题值得进一步研究探索，以及如何才能更好激发旅游者消费各类旅游资源和服务，也需要进一步研究，从而实现在提高森林公园旅游资源利用率的同时，为森林旅游进一步高质量发展提供支持。

第八，森林公园不仅要发展森林旅游还承担生态保护、资源培育、科学研究等多项职能，发展旅游必须要重视效率。对任何森林公园而言，所能承载的人类活动是有一定限度的。当旅游者数量和旅游频次超过一定阈值时，就会对森林公园的生态资源产生损伤或破坏，带来难以弥补的损失。因此，发展旅游不能超越森林公园的生态承载力，只有不断提升旅游效率，才可能利用较少的生态资源实现较大的经济产出，既满足旅游者的旅游需求，又保障森林公园的可持续发展。森林公园具有不同等级，所处区域的地理和自然环境也不尽相同。因此，不同森林公园发展旅游的自然禀赋存在显著的异质性。在追求旅游效率提升的过程中，要考虑这种异质性，尊重自然，不必一味追求高效率。对于自然资源禀赋较差地区的森林公园，首先要认识到自然的约束，优先保护独特的自然景观和森林资源，以对自然资源和环境影响最小为基本原则，在保护的基础上适度发展旅游。影响森林公园旅游效率的因素较多，本书通过实证研究进行了识别，找到了一些对森林公园旅游效率提升有显著影响的因素。对于旅游效率较低的森林公园，可以通过改变这些因素和条件，提高旅游效率，为森林公园实现集约、高效、可持续发展提供参考依据。森林公园在发展森林旅游方面的异质性要进一步深入研究，更精准地认识和把握异质性，为更有针对性地提升和促进森林公园旅游发展提供支撑。

第九，在测度我国森林公园经营效率时需要考虑外部环境和随机干扰因素，直接进行测度得出的效率值可能存在偏差，进而影响对我国森林公园经营效率的准确判断及效率提升的对策实施。因此，从方法角度提高效率测算的科学性和准确度是未来研究的一个重要方向。不同地区森林公园经营效率差异显著，原因可能是投入方面、产出方面、外部环境、随机干扰，除了随机干扰难以控制外，其余三个都可以找到具体的举措提升森林公园的经营效率，是提升森林公园效率的重要方向。因此，有必要进一步深化研究，对于处在较低效率运行的地区或具体森林公园，如何从此三个方向对森林公园建设经营进行改进优化，从而更好地提升和改善森林公园效率。

参 考 文 献

［1］陈刚、赖小琼：《我国省际基础公共服务供给绩效分析——基于以产出为导向的三阶段 DEA 模型》，《经济科学》2015 年第 3 期。

［2］陈林：《自然垄断与混合所有制改革——基于自然实验与成本函数的分析》，《经济研究》2018 年第 1 期。

［3］陈诗一、陈登科：《雾霾污染、政府治理与经济高质量发展》，《经济研究》2018 年第 2 期。

［4］程德年、周永博、魏向东、吴建：《基于负面 IPA 的入境游客对华环境风险感知研究》，《旅游学刊》2015 年第 1 期。

［5］程励、张同颢、付阳：《城市居民雾霾天气认知及其对城市旅游目的地选择倾向的影响》，《旅游学刊》2015 年第 10 期。

［6］丛丽、张玉钧：《对森林康养旅游科学性研究的思考》，《旅游学刊》2016 年第 11 期。

［7］崔宝玉、徐英婷、简鹏：《农民专业合作社效率测度与改进"悖论"》，《中国农村经济》2016 年第 1 期。

［8］邓爱民：《我国旅游投资研究综述与展望》，《经济学动态》2009 年第 8 期。

［9］丁振民、黄秀娟：《资本投入对中国森林公园旅游效率的影响研究》，《资源科学》2016 年第 7 期。

［10］范子英、张航、陈杰：《公共交通对住房市场的溢出效应与

170

虹吸效应：以地铁为例》，《中国工业经济》2018 年第 5 期。

［11］方琰、卞显红：《基于 DEA 的中国森林公园旅游发展效率特征分析》，《北京第二外国语学院学报》2014 年第 11 期。

［12］方叶林、娜塔莎、张天逸：《考虑非期望产出的中国大陆星级饭店效率测度及其演化》，《旅游科学》2019 年第 1 期。

［13］高广阔、马利霞：《雾霾污染对入境客流量影响的统计研究》，《旅游研究》2016 年第 4 期。

［14］郭军华、倪明、李帮义：《基于三阶段 DEA 模型的农业生产效率研究》，《数量经济技术经济研究》2010 年第 12 期。

［15］韩晔、周忠学：《西安市绿地景观吸收雾霾生态系统服务测算及空间格局》，《地理研究》2015 年第 7 期。

［16］贺爽、耿超、杨鑫：《公园绿地对城市道路环境污染的改善效应——以北京奥林匹克森林公园为例》，《中国人口、资源与环境》2016 年第 2 期。

［17］侯志强：《交通基础设施对区域旅游经济增长效应的实证分析——基于中国省域面板数据的空间计量模型》，《宏观经济研究》2018 年第 6 期。

［18］胡春姿、俞晖：《我国森林公园生态文化建设探讨》，《林业经济》2007 年第 10 期。

［19］黄安胜、兰思仁、邹惠冰：《多重产出目标下中国省域森林公园技术非效率的影响因素分析》，《资源科学》2018 年第 8 期。

［20］黄秀娟、黄福才：《中国省域森林公园技术效率测算与分析》，《旅游学刊》2011 年第 3 期。

［21］黄秀娟、林秀治：《我国森林公园旅游效率及其影响因素》，《林业科学》2015 年第 2 期。

［22］黄秀娟、刘伟平、兰思仁：《森林公园旅游产品开发的评价模型与应用——基于旅游产品开发的适宜性角度评价》，《林业科学》

2009 年第 7 期。

［23］黄秀娟：《基于 DEA 方法的福建省国家级森林公园旅游效率测算》，《福建论坛（人文社会科学版）》2014 年第 11 期。

［24］黄秀娟：《中国森林公园旅游发展效率的比较与分析》，《林业科学》2011 年第 12 期。

［25］兰思仁、戴永务、沈必胜：《中国森林公园和森林旅游的三十年》，《林业经济问题》2014 年第 2 期。

［26］李静、Philip L. PEARCE、吴必虎、Alastair M. MORRISON：《雾霾对来京旅游者风险感知及旅游体验的影响——基于结构方程模型的中外旅游者对比研究》，《旅游学刊》2015 年第 10 期。

［27］李任芷：《新一轮国有旅游企业改革刍议》，《旅游学刊》2014 年第 10 期。

［28］李如友、黄常州：《中国交通基础设施对区域旅游发展的影响研究——基于门槛回归模型的证据》，《旅游科学》2015 年第 2 期。

［29］李世东、陈鑫峰：《中国森林公园与森林旅游发展轨迹研究》，《旅游学刊》2007 年第 5 期。

［30］李双杰、王林、范超：《统一分布假设的随机前沿分析模型》，《数量经济技术经济研究》2007 年第 4 期。

［31］李涛：《中国乡村旅游投资发展过程及其主体特征演化》，《中国农村观察》2018 年第 4 期。

［32］李巍、谢德嫦、张杰：《景观生态学方法在规划环境影响评价中的应用——以大连森林公园东区规划环境影响评价为例》，《中国环境科学》2009 年第 6 期。

［33］廖红伟、丁方：《产权多元化对国企经济社会绩效的综合影响——基于大样本数据的实证分析》，《社会科学研究》2016 年第 6 期。

［34］刘嘉毅、陈玉萍、夏鑫：《中国空气污染对入境旅游发展的影响》，《资源科学》2018 年第 7 期。

［35］刘满凤、李圣宏：《基于三阶段 DEA 模型的我国高新技术开发区创新效率研究》，《管理评论》2016 年第 1 期。

［36］刘小玄：《中国转轨经济中的产权结构和市场结构——产业绩效水平的决定因素》，《经济研究》2003 年第 1 期。

［37］刘自敏、张昕竹、杨丹：《我国省级政府卫生投入效率的时空演变——基于面板三阶段 DEA 模型的分析》，《中央财经大学学报》2014 年第 6 期。

［38］龙祖坤、杜倩文、周婷：《武陵山区旅游扶贫效率的时间演进与空间分异》，《经济地理》2015 年第 10 期。

［39］路琪、石艳：《生态文明视角下旅游投资效益评估体系的构建》，《宏观经济研究》2013 年第 7 期。

［40］罗登跃：《三阶段 DEA 模型管理无效率估计注记》，《统计研究》2012 年第 4 期。

［41］罗芬、保继刚：《中国国家森林公园演变历程与特点研究——基于国家、市场和社会的逻辑》，《经济地理》2013 年第 3 期。

［42］罗斯炫、何可、张俊飚：《修路能否促进农业增长？——基于农机跨区作业视角的分析》，《中国农村经济》2018 年第 6 期。

［43］毛润泽：《中国区域旅游经济发展影响因素的实证分析》，《经济问题探索》2012 年第 8 期。

［44］莫龙炯、景维民：《转型时期混合所有制的经济增长效应》，《经济学动态》2018 年第 11 期。

［45］潘华丽：《环境税背景下旅游经济与旅游生态环境效应研究》，山东师范大学博士学位论文，2013 年。

［46］秦光远、程宝栋：《保护性投资能促进森林公园的旅游发展吗？——基于森林公园层面的经验研究》，《中国农村经济》2020 年第 2 期。

［47］秦光远、程宝栋：《中国森林公园经营效率研究》，《产业经

济评论》2017 年第 6 期。

［48］邵帅、李欣、曹建华、杨莉莉：《中国雾霾污染治理的经济政策选择——基于空间溢出效应的视角》，《经济研究》2016 年第 9 期。

［49］宋丁：《突破中国旅游市场的门票经济瓶颈》，《旅游学刊》2008 年第 5 期。

［50］苏建军、孙根年：《中国旅游投资增长质量的时序动态变化与地区差异》，《人文地理》2018 年第 3 期。

［51］唐承财、刘霄泉、宋昌耀：《雾霾对区域旅游业的影响及应对策略探讨》，《地理与地理信息科学》2016 年第 5 期。

［52］唐晓云、赵黎明、秦彬：《灰色系统理论及其在旅游预测中的应用——以广西桂林为例》，《西安电子科技大学学报（社会科学版）》2007 年第 2 期。

［53］王兆峰、赵松松：《基于 DEA-Malmquist 模型的湖南省旅游产业效率时空动态演化及影响因素》，《长江流域资源与环境》2019 年第 8 期。

［54］夏杰长、齐飞：《旅游业投融资现状与发展》，《中国金融》2018 年第 7 期。

［55］向艺、郑林、王成璋：《旅游经济增长因素的空间计量研究》，《经济地理》2012 年第 6 期。

［56］谢佳慧、李隆伟、王艳平：《排斥物：雾霾降低入境旅游规模》，《当代经济科学》2017 年第 1 期。

［57］修新田、陈秋华：《中国国家级森林公园效率测度及其影响因素研究》，《东南学术》2016 年第 4 期。

［58］续竞秦、杨永恒：《地方政府基本公共服务供给效率及其影响因素实证分析——基于修正的 DEA 两步法》，《财贸研究》2011 年第 6 期。

［59］阎友兵、张静：《基于本底趋势线的雾霾天气对我国入境游

客量的影响分析》,《经济地理》2016 年第 12 期。

［60］殷杉、刘春江:《城市植被对大气颗粒物的防控功能及应用》,《园林》2013 年第 6 期。

［61］张爱平、虞虎:《雾霾影响下旅京游客风险感知与不完全规避行为分析》,《资源科学》2017 年第 6 期。

［62］张晨、高峻、丁培毅:《雾霾天气对潜在海外游客来华意愿的影响——基于目的地形象和风险感知理论》,《旅游学刊》2017 年第 12 期。

［63］张广海、赵金金:《我国交通基础设施对区域旅游经济发展影响的空间计量研究》,《经济管理》2015 年第 7 期。

［64］张辉、黄昊、闫强明:《混合所有制改革、政策性负担与国有企业绩效——基于 1999—2007 年工业企业数据库的实证研究》,《经济学家》2016 年第 9 期。

［65］张茜、赵鑫:《交通基础设施及其跨区域溢出效应对旅游业的影响——基于星级酒店、旅行社、景区的数据》,《经济管理》2018 年第 4 期。

［66］张祥建、郭丽虹、徐龙炳:《中国国有企业混合所有制改革与企业投资效率——基于留存国有股控制和高管政治关联的分析》,《经济管理》2015 年第 9 期。

［67］张馨方:《雾霾天气对秦皇岛旅游的影响及应对策略》,《南方农机》2015 年第 8 期。

［68］赵东喜:《中国省际入境旅游发展影响因素研究——基于分省面板数据分析》,《旅游学刊》2008 年第 1 期。

［69］赵多平、孙根年、苏建军:《中国边境入境旅游的客流演化态势及其动因分析——新疆内蒙云南三省区的比较研究》,《人文地理》2012 年第 5 期。

［70］赵敏燕、陈鑫峰:《中国森林公园的发展与管理》,《林业科

学》2016 年第 1 期。

　　[71] 左冰：《中国旅游经济增长因素及其贡献度分析》，《商业经济与管理》2011 年第 10 期。

　　[72] Ashrafi, H. V. Seow, S. L. Lai, C. G. Lee., "The Efficiency of the Hotel Industry in Singapore", *Tourism Management*, Vol.37, No.3, 2013, pp.31-34.

　　[73] Corne., "Benchmarking and Tourism Efficiency in France", *Tourism Management*, Vol.51, 2015, pp.91-95.

　　[74] G. Assaf., "Benchmarking the Asia Pacific Tourism Industry: A Bayesian Combination of DEA and Stochastic Frontier", *Tourism Management*, Vol.33, No.5, 2012, pp.1122-1127.

　　[75] G. Assaf, E. G. Tsionas., "Incorporating Destination Quality into the Measurement of Tourism Performance: A Bayesian Approach", *Tourism Management*, Vol.49, 2015, pp.58-71.

　　[76] Afonso A, Fernanndes S., "Assessing and Explaining the Relative Efficiency of Local Government: Evidence for Portuguese Municipalities", *Journal of Socio-Economics*, Vol.37, No.5, 2008, pp.1946-1979.

　　[77] Aigner D, Lovell C A K, Schmidt P., "Formulation and Estimation of Stochastic Frontier Production Function Models", *Journal of Econometrics*, Vol.6, No.1, 1977, pp.21-37.

　　[78] Alam, M.S., S.R. Paramati., "The Dynamic Role of Tourism Investment on Tourism Development and CO2 Emissions", *Annals of Tourism Research*, Vol.66, No.1, 2017, pp.213-215.

　　[79] Andrades, L., Dimanche, F., "Destination Competitiveness and Tourism Development in Russia: Issues and Challenges", *Tourism Management*, Vol.62, 2017, pp.360-376.

　　[80] Andrea, E. G., M. W. Binford, and J. Southworth., "Tourism, Forest Conversion, and Land Transformations in the Angkor Basin, Cambodia",

Applied Geography, Vol.29, No.2, 2009, pp.212−223.

[81] Apergis, N., C.F.Tang., "Is the Energy−led Growth Hypothesis Valid? New Evidence from a Sample of 85 Countries", *Energy Economics*, Vol.38, No.1, 2013, pp.24−31.

[82] Aratuo, DN, Etienne, XL., "Industry Level analysis of Tourism−Economic Growth in the United States", *Tourism Management*, Vol.70, 2019, pp.333−340.

[83] Athanassopoulous A, Triantis K., "Assessing Aggregate Cost Efficiency and the Related Policy Implications for Greek Local Municipalities", *Infor Information Systems & Operational Research*, Vol.36, No.3, 1998, pp.66−83.

[84] Azam, M., M.M.Alam, M.H.Hafeez., "Effect of Tourism on Environmental Pollution: Further Evidence from Malaysia, Singapore and Thailand", *Journal of Cleaner Production*, Vol.190, No.1, 2018, pp.330−338.

[85] Al−Najjar., "Corporate Governance, Tourism Growth and Firm Performance: Evidence from Publicly Listed Tourism Firms in Five Middle Eastern Countries", *Tourism Management*, Vol.42, 2014, pp.342−351.

[86] Balaguer, J., J.C.Pernías., "Relationship Between Spatial Agglomeration and Hotel Prices, Evidence from Business and Tourism Consumers", *Tourism Management*, Vol.36, No.1, 2013, pp.391−400.

[87] Banerjee, O., M.Cicowiez, J.Cotta., "Economics of Tourism Investment in Data Scarce Countries", *Annals of Tourism Research*, Vol.60, No.1, 2016, pp.115−138.

[88] Battese G E, Coelli T J., "A Model for Technical Inefficiency Effects in a Stochastic Frontier Production Function for Panel Data", *Empirical Economics*, Vol.20, No.2, 1995, pp.325−332.

[89] Battese, G.E., Coelli, T.J., "Prediction of Firm−Level Technical Efficiencies with a Generalized Frontier Production Function and Panel Data",

Journal of Econometrics, Vol.38, No.3, 1988, pp.387-399.

[90] Beerli A, Martín J D., "Factors Influencing Destination Image", *Annals of Tourism Research*, Vol.31, No.3, 2004, pp.657-681.

[91] Belotti F, Daidone S, Ilardi G, et al., "Stochastic Frontier Analysis Using Stata", *The Stata Journal*, Vol.13, No.4, 2013, pp.719-758.

[92] Bernard, E., L. A. O. Penna, E. Araújo., "Downgrading, Downsizing, Degazettement, and Reclassification of Protected Areas in Brazil: Loss of Protected Area in Brazil", *Conservation Biology*, Vol.28, No.1, 2014, pp.939-950.

[93] Bigano A, Hamilton J M, Tol R S J., "The Impact of Climate on Holiday Destination Choice", *Climatic Change*, Vol.76, No.3, 2006, pp.386-406.

[94] Bosetti V, Locatelli G., "A Data Envelopment Analysis Approach to the Assessment of Natural Parks′ Economic Efficiency and Sustainability, The Case of Italian National Parks", *Sustainable Development*, Vol.14, No.4, 2006, pp.277-286.

[95] D. Köksal, A. A. Aksu., "Efficiency Evaluation of a-Group Travel Agencies with Data Envelopment Analysis (DEA): A Case Study in the Antalya Region, Turkey", *Tourism Management*, Vol.28, No.3, 2007, pp.830-834.

[96] Cao J, Chow J C, Lee F S, et al., "Evolution of PM 2.5 Measurements and Standards in the US and Future Perspectives for China", *Aerosol and Air Quality Research*, Vol.13, No.4, 2013, pp.1197-1211.

[97] Charnes, A., Cooper, W. W. Rhodes, E., "Measuring the Efficiency of Decision Making Units", *European Journal of Operational Research*, Vol.2, 2016, pp.429-444.

[98] Cheng W L, Chen Y S, Zhang J, et al., "Comparison of the Revised Air Quality Index with the PSI and AQI Indices", *Science of the Total Environment*, Vol.382, No.2, 2007, pp.191-198.

[99] Chew, J., "Transport and Tourism in the Year 2000", *Tourism Man-*

agement, Vol.8, No.2, 1987, pp.83-85.

[100] Clements H.S., Cumming G.S., "Traps and Transformations Influencing the Financial Viability of Tourism on Private-Land Conservation Areas", *Conservation Biology : the Journal of the Society for Conservation Biology*, Vol.2, No.32, 2018, pp.424-436.

[101] Coffey, B., "Investment Incentives as a Means of Encouraging Tourism Development: The Case of Costa Rica", *Bulletin of Latin American Research*, Vol.12, No.1, 2016, pp.83-90.

[102] Cooper W.W., Seiford L M, Tone K., "Data Envelopment Analysis", *Handbook on Data Envelopment Analysis*, 1st ed.; Cooper, W.W., Seiford, LM, Zhu, J., Eds, 2000, pp.1-40.

[103] Cornwell C, Schmidt P, Sickles R C., "Production Frontiers with Cross-Sectional and Time-Series Variation in Efficiency Levels", *Journal of Econometrics*, Vol.46, No.1-2, 1990, pp.185-200.

[104] Cunha, A.A., "Negative Effects of Tourism in a Brazilian Atlantic Forest National Park", *Journal for Nature Conservation*, Vol.18, No.4, 2010, pp.291-295.

[105] Day J, Chin N, Sydnor S, et al., "Weather, Climate, and Tourism Performance: A Quantitative Analysis", *Tourism Management Perspectives*, No.5, 2013, pp.51-56.

[106] de Castro Dias, T.C.A., A.C.da Cunha, J.M.C.da Silva., "Return on Investment of the Ecological Infrastructure in a New Forest Frontier in Brazilian Amazonia", *Biological Conservation*, Vol.194, No.1, 2016, pp.184-193.

[107] G.Tsionas, A.G.Assaf., "Short-run and Long-run Performance of International Tourism: Evidence from Bayesian Dynamic Models", *Tourism Management*, Vol.42, 2014, pp.22-36.

[108] Eugenio-Martin J L, Campos-Soria J A., "Climate in the Region

of Origin and Destination Choice in Outbound Tourism Demand", *Tourism Management*, *Vol*.31, No.6, 2010, pp.744-753.

[109] Eugenio-Martin, J.L., Campos-Soria, J.A., "Income and the Substitution Pattern between Domestic and International Tourism Demand", *Applied Economics*, Vol.43, No.20, 2011, pp.2519-2531.

[110] Fayissa, B., C.Nsiah, B.Tadesse., "Research Note: Tourism and Economic Growth in Latin American Countries-Further Empirical Evidence", *Tourism Economics*, Vol.17, No.6, 2011, pp.1365-1373.

[111] Fried H.O.Lovell C.A.K., Schmidt S.S., and Yaisawarng, S., "Accounting for Environmental Effects and Statistical Noise in Data Envelopment Analysis", *Journal of Productivity Analysis*, Vol.17, 2002, pp.157-174.

[112] Fuchs G, Reichel A., "Cultural Differences in Tourist Destination Risk Perception: An Exploratory Study", *Tourism (Zagreb)*, Vol.52, No.1, 2004, pp.21-37.

[113] Fuentes M, González G, Morini M., "Measuring Efficiency of Sun &Beach Tourism Destinations", *Annals of Tourism Research*, Vol.39, No.2, 2012, pp.1248-1251.

[114] Ginting, N., Sasmita, A., "Developing Tourism Facilities Based on Geo-tourism in Silalahi Village, Geopark Toba Caldera", *In IOP Conference Series: Earth and Environmental Science*, Vol.126, No.1, 2018, IOP Publishing.

[115] Goeldner, R., Ritchie, J.R.B., "Tourism: Principles, Practices, Philosophies", 10th edition. Hoboken, N.J.: John Wiley and Sons, Inc.

[116] Goh C., "Exploring Impact of Climate on Tourism Demand", *Annals of Tourism Research*, Vol.39, No.4, 2012, pp.1859-1883.

[117] Greene W H., "The Econometric Approach to Efficiency Analysis", *The Measurement of Productive Efficiency and Productivity Growth*, Vol.1, No.1, 2008, pp.92-250.

［118］Hammitt William, Cole David, Monz Christopher., "Wildland Rec-
reation: Ecology and Management", 3rd Edition, Oxford: John Wiley and Sons.

［119］Hetherington, K., J. M. Campbell., "Nature, Infrastructure, and the
State: Rethinking Development in Latin America", *The Journal of Latin Ameri-*
can and Caribbean Anthropology, Vol.19, No.2, 2014, pp.191−94.

［120］Higham, J., S. A. Cohen, C. T. Cavaliere, A. Reis, W. Finkler.,
"Climate Change, Tourist Air Travel and Radical Emissions Reduction", *Jour-*
nal of Cleaner Production, Vol.111, No.16, 2016, pp.336−347.

［121］Hosseini, H.M., Miri, G., Bstani, M.K., "Effects of Air Transporta-
tion on Tourism Growth: Iran as case study", *International Research Journal of*
Applied and Basic Sciences, Vol.9, No.10, 2015, pp.1691−1695.

［122］Irazábal, C., "Coastal Urban Planning in The 'Green Republic':
Tourism Development and the Nature−Infrastructure Paradox in Costa Rica",
International Journal of Urban and Regional Research, Vol. 42, No. 5,
2018, pp.882−913.

［123］J. Shang, W. Hung, C. Lo, F. Wang., "Ecommerce and Hotel Per-
formance: Three Stage DEA analysis", *The Service Industries Journal*, Vol.28,
No.4, 2008, pp.529−540.

［124］J. Wu, S.Shou, H.Tsai., "Measuring and Decomposing Efficiency in
International Tourist Hotels in Taipei Using a Multi−division DEA Model", *In-*
ternational Journal of Hospitality and Tourism Administration, Vol.13, No.4,
2012, pp.259−280.

［125］James Jondrow, C.Lovell, Ivan S.Materov and Peter Schmidt., "On
the Estimation of Technical Inefficiency in the Stochastic Frontier Production
Function Model", *Journal of Econometrics*, Vol.19, No.2, 1982, pp.233−238.

［126］Jenkins, C.L., "The Use of Investment Incentives for Tourism Pro-
jects in Developing Countries", *Tourism Management*, Vol. 3, No. 2,

1982,pp.91-97.

[127]K.-Y.Chen., "Improving Importance-performance Analysis: The Role of the Sone of Tolerance and Competitor Performance. The Case of Taiwan ´s Hot Spring Hotels", *Tourism Management*, Vol.40, 2014, pp.260-272.

[128]Karl, M., "The Influence of Risk Perception on Destination Choice Processes", *European Journal of Tourism Research*, Vol.18, 2018, pp.160-163.

[129]Kasmo M A., "The Southeast Asian Haze Crisis: Lesson to be Learned", *Advances in Ecological Sciences*, Vol.19, 2003, pp.1263-1271.

[130]Khadaroo J, Seetanah B., "Transport Infrastructure and Tourism Development", *Annals of Tourism Research*, Vol.34, No.4, 2007, pp.1021-1032.

[131]Khadaroo, J., Seetanah, B., "The Role of Transport Infrastructure in International Tourism Development: A Gravity Model Approach", *Tourism Management*, Vol.29, No.5, 2008, pp.831-840.

[132]Kim H Y., "The Translog Production Function and Variable Returns to Scale", *The Review of Economics and Statistics*, 1992, pp.546-552.

[133]Lee Y H, Schmidt P., "A Production Frontier Model with Flexible Temporal Variation in Technical Efficiency", *The Measurement of Productive Efficiency: Techniques and Applications*, 1993, pp.237-255.

[134] Lee, J. W., T. Brahmasrene., "Investigating the Influence of Tourism on Economic Growth and Carbon Emissions: Evidence from Panel Analysis of the European Union", *Tourism Management*, Vol. 38, No. 1, 2013, pp.69-76.

[135] León, C. J., J. E. Arana, A. Hernández., "CO2 Emissions and Tourism in Developed and Less Developed Countries", *Applied Economics Letters*, Vol.21, No.1, 2014, pp.1169-1173.

[136] Lepp, A., Gibson, H., "Sensation Seeking and Tourism: Tourist Role, Perception of Risk and Destination Choice", *Tourism Management*,

Vol.29,No.4,2008,pp.740-750.

[137] Levinsohn, J. Petrin, A. , " Estimating Production Functions Using Inputs to Control for Unobservables ", *Review of Economic Studies*, Vol. 2, 2003, pp.317-341.

[138] Li, H. , J.L.Chen, G.Li, C.Goh. , "Tourism and Regional Income Inequality: Evidence from China", *Annals of Tourism Research*, Vol.58, No.1, 2016, pp.81-99.

[139] Lingxu Zhou, Eric Chan, Haiyan Song. , "Social capital and Entrepreneurial Mobility in Early-stage Tourism Development: A Case from Rural China", *Tourism Management*, Vol.63, 2017, pp.338-350.

[140] Lohmann M, Kaim E. , "Weather and Holiday Destination Preferences Image, Attitude and Experience", *The Tourist Review*, Vol.54, No.2, 1999, pp.54-64.

[141] Lu, D. , Mao, W. , Yang, D. , Zhao, J. , Xu, J. , "Effects of Land Use and Land Scape Pattern on PM2.5 in Yangtze River Delta, China", *Atmospheric Pollution Research*, Vol.9, No.4, 2018, pp.705-713.

[142] Lundmark Linda J T, Fredman Peter, Sandell Klas. , " National Parks and Protected Areas and the Role for Employment in Tourism and Forest Sectors: a Swedish Case", *Ecology and Society*, Vol.15, No.1, 2010, pp.19-30.

[143] MacNeill, T. , D. Wozniak. , "The Economic, Social, and Environmental Impacts of Cruise Tourism", *Tourism Management*, Vol. 66, No. 1, 2018, pp.387-404.

[144] Mahony, K. , J. Van Zyl. , "The Impacts of Tourism Investment on Rural Communities: Three Case Studies in South Africa ", *Development Southern Africa*, Vol.19, No.1, 2002, pp.83-103.

[145] Marrocu E, Paci R. , "They Arrive with New Information. Tourism Flows and Production Efficiency in the European Regions", *Tourism Manage-*

ment, Vol.32, No.4, 2011, pp.750-758.

[146] Martín M B G., "Weather, Climate and Tourism: A Geographical Perspective", *Annals of Tourism Research*, Vol.32, No.3, 2005, pp.571-591.

[147] Mascia, M.B., S.Pailler, R.Krithivasan, V.Roshchanka, D.Burns, M.J.Mlotha, D.R.Murray, and N.Peng., "Protected Area Downgrading, Downsizing, and Degazettement (PADDD) in Africa, Asia, and Latin America and the Caribbean", *Biological Conservation*, Vol.169, No.1, 2014, pp.355-361.

[148] Massidda C, Etzo I., "The Determinants of Italian Domestic Tourism: A Panel Data Analysis", *Tourism Management*, Vol.33, No.3, 2012, pp.603-610.

[149] Mayer Marius., "Can Nature-based Tourism Benefits Compensate for the Costs of National Parks? A Study of the Bavarian Forest National Park, Germany", *Journal of Sustainable Tourism*, Vol.22, No.4, 2014, pp.561-583.

[150] McElroy J L., "Small Island Tourist Economies Across the Life Cycle", *Asia Pacific Viewpoint*, Vol.47, No.1, 2005, pp.61-77.

[151] Mihalic, T., "Environmental Management of a Tourist Destination: A Factor of Tourism Competitiveness", *Tourism Management*, Vol.21, No.1, 2000, pp.65-78.

[152] Moreira P., "Stealth Risks and Catastrophic Risks: On Risk Perception and Crisis Recovery Strategies", *Journal of Travel & Tourism Marketing*, Vol.23, No.2-4, 2008, pp.15-27.

[153] Mowforth, M., I.Munt., *Tourism and Sustainability: Development, Globalisation and New Tourism in the Third World*, Routledge, New York (NY), 2016.

[154] Mutinda R, Mayaka M., "Application of Destination Choice Model: Factors Influencing Domestic Tourists Destination Choice among Residents of Nairobi, Kenya", *Tourism Management*, Vol.33, No.6,

2012,pp.1593-1597.

[155] O. N. Bordean, A. Borsa., "Strategic Management Practices within the Romanian Hotel Industry", *Amfiteatru Economic*, Vol. 16, No. 8, 2014,pp.1238-1252.

[156] Odihi J O., "Haze and Health in Brunei Darussalam:The Case of the 1997- 1998 Episode",*Singapore Journal of Tropical Geography*,Vol.22, No.1,2001,pp.38-51.

[157] Olley,S.Pakes,A., "The Dynamics of Productivity in the Telecommunications Equipment Industry",*Econometrica*,Vol.64,1996,pp.1263-1298.

[158] Omotholar,A.A., "Investment in Tourism,Transportation and National Development:Case Study of Ibadan Metropolis", *Global Journal of Management and Business Research:F Real Estate, Event Tourism Management*, Vol.15,No.2,2015,pp.27-53.

[159] Oses Fernández, N., Kepa Gerrikagoitia, J., Alzua-Sorzabal, A., "Sampling Method for Monitoring the Alternative Accommodation Market", *Current Issues in Tourism*,Vol.21,No.7,2018,pp.721-734.

[160] Oukil A, Channouf N, Al-Zaidi A., "Performance Evaluation of the Hotel Industry in an Emerging Tourism Destination:The Case of Oman", *Journal of Hospitality and Tourism Management*,Vol.29,2016,pp.60-68.

[161] P.Alberca-Oliver, A.Rodríguez-Oromendía, L.Parte-Esteban,P. Alberca-Oliver, A.Rodríguez-Oromendía, L.Parte-Esteban., "Measuring the Efficiency of Trade Shows:A Spanish Case Study",*Tourism Management*,Vol. 47,2015,pp.127-137.

[162] Palhares,G.L., "The Role of Transport in Tourism Development: Nodal Functions and Management Practices",*International Journal of Tourism Research*,Vol.5,No.5,2003,pp.403-407.

[163] Paramati,S.R.,M.S.Alam,C.F.Chen., "The Effects of Tourism on

Economic Growth and CO2 Emissions：A Comparison between Developed and Developing Economies", *Journal of Travel Research*, Vol. 56, No. 6, 2017,pp.712-724.

[164] Paramati,S.R.,Shahbaz,M.,Alam,M.S.,"Does Tourism Degrade Environmental Quality? A Comparative Study of Eastern and Western European Union", *Transportation Research Part D：Transport and Environment*, Vol.50, 2017,pp.1-13.

[165] Perpiña,L.,Camprubí,R.,Prats,L.,"Destination Image versus Risk Perception", *Journal of Hospitality & Tourism Research*, Vol.43, No.1, 2019,pp.3-19.

[166] Pitt M M,Lee L F.,"The Measurement and Sources of Technical Inefficiency in the Indonesian Weaving Industry", *Journal of Development Economics*, Vol.9, No.1, 1981,pp.43-64.

[167] Pollalis,S.,"Planning Sustainable Cities：an Infrastructure-based Approach",Routledge,London and New York,NY,2016.

[168] Prideaux,B.,"The Role of the Transport System in Destination Development", *Tourism management*, Vol.21, No.1, 2000,pp.53-63.

[169] Prideaux,B.,"Factors Affecting Bilateral Tourism Flows", *Annals of Tourism Research*, Vol.32, No.3, 2005,pp.780-801.

[170] R.Fuentes.,"Efficiency of Travel Agencies：A Case Study of Alicante,Spain", *Tourism Management*, Vol.32, No.1, 2011,pp.75-87.

[171] R.N.Kaul.,Dynamics of Tourism：A Trilogy,Stosius Inc/Advent Books Division,1985.

[172] R.Oliveira,M.I.Pedro,R.C.Marques.,"Efficiency and Its Determinants in Portuguese Hotels in the Algarve", *Tourism Management*, Vol.36, 2013,pp.641-649.

[173] R.Perrigot,G.Cliquet,I.Piot-Lepetit.,"Plural form Chain and Ef-

ficiency:Insights from the French Hotel Chains and the DEA Methodology", *European Management Journal*, Vol.27, No.4, 2009, pp.268-280.

[174]Rosenstein-Rodan, P., "Problems of Industrialization of Eastern and South-eastern Europe", *Economic Journal*, Vol.53, 1943, pp.202-211.

[175]Rosentraub, M.S., M.Joo., "Tourism and Economic Development: Which Investments Produce Gains for Regions?", *Tourism Management*, Vol.30, No.5, 2009, pp.759-770.

[176]Rostow, W., "The Stages of Economic Growth:A Non-communist Manifesto", Cambridge:Cambridge University Press, 1960.

[177]Rupp G., "Aerosol Dynamics and Health:Strategies to Reduce Exposure and Harm", *Biomarkers*, Vol.14, No.S1, 2009, pp.3-4.

[178]Sabir M, van Ommeren J, Rietveld P., "Weather to Travel to the Beach", *Transportation Research Part A:Policy and Practice*, Vol.58, No.4, 2013, pp.79-86.

[179]Sainaghi R, Phillips P, Zavarrone E., "Performance Measurement in Tourism Firms:A Content Analytical Meta-approach", *Tourism Management*, Vol.59, 2017, pp.36-56.

[180]Sajjad F, Noreen U, Zaman K., "Climate Change and Air Pollution Jointly Creating Nightmare for Tourism Industry", *Environmental Science and Pollution research*, Vol.21, No.21, 2014, pp.12403 -12418.

[181]Sharpley, R., "The Influence of the Accommodation Sector on Tourism Development:Lessons from Cyprus", *International Journal of Hospitality Management*, Vol.19, No.3, 2000, pp.275-293.

[182]Shi Qiang, Li Chonggui, Deng Jinyang., "Assessment of Impacts of Visitors' Activities on Vegetation in Zhangjiajie National Forest Park", *Journal of Forestry Research*, Vol.13, No.2, 2002, pp.137-140.

[183]Simar L, PW Wilson., "Estimation and Inference in Two-Stage,

Semi-Parametric Models of Production Processes", *Journal of Econometrics*, Vol.136,No.1,2007,pp.31-64.

[184]Simpson P.M.,Siguaw J.A.,"Perceived Travel Risks:The Traveler Perspective and Manageability", *International Journal of Tourism Research*, Vol.10,No.4,2007,pp.315-327.

[185] Tang, C. F., Abosedra, S., "Small Sample Evidence on the Tourism-led Growth Hypothesis in Lebanon", *Current Issues in Tourism*, Vol.17,No.3,2014,pp.234-246.

[186]Tang,C.F.,Tan,E.C.,"Exploring the Nexus of Electricity Consumption,Economic Growth,Energy Prices and Technology Innovation in Malaysia", *Applied Energy*,Vol.104,2013,pp.297-305.

[187]Tang,C.F.,E.C.Tan.,"Exploring the Nexus of Electricity Consumption,Economic Growth,Energy Prices and Technology Innovation in Malaysia", *Applied Energy*,Vol.104,No.1,2013,pp.297-305.

[188] Tang, C. F., S. Abosedra., "Small Sample Evidence on the Tourism-led Growth Hypothesis in Lebanon", *Current Issues in Tourism*, Vol.17,No.3,2014,pp.234-246.

[189]Timothy MacNeill, David Wozniak., "The economic, Social, and Environmental Impacts of Cruise Tourism", *Tourism Management*, Vol. 66, 2018,pp.387-404.

[190]Wang H J,Schmidt P.,"One-step and Two-step Estimation of the Effects of Exogenous Variables on Technical Efficiency Levels", *Journal of Productivity Analysis*,Vol.18,No.2,2002,pp.129-144.

[191]Wang,L.,Fang,B.,Law,R.,"Effect of Air Quality in the Place of Origin on Outbound Tourism Demand:Disposable Income as a Moderator", *Tourism Management*,Vol.68,2018,pp.152-161.

[192] Watson, J.E.M., N.Dudley, D.B.Segan, and M.Hockings., "The

Performance and Potential of Protected Areas", *Nature*, Vol.515, No.5, 2014, pp.67–73.

[193] Witt, S.F., Martin, C.A., "Econometric Models for Forecasting International Tourism Demand", *Journal of Travel Research*, Vol.25, No.3, 1987, pp.23–30.

[194] X.Ma, C.Ryan, J.Bao., "Chinese National Parks: Differences, Resource Use and Tourism Product Portfolios", *Tourism Management*, Vol.30, No.1, 2009, pp.21–30.

[195] X. Ma, J. Bao., "Evaluating the Using Efficiencies of Chinese National Parks with DEA", *Geographical Research*, Vol. 28, No. 3, 2009, pp.838–848.

[196] X.Ma, Y.Jin., "Urban Tourism of Zhangjiajie: Efficiency Characteristics and Change Models", *Tourism Tribune*, Vol. 30, No. 2, 2015, pp.24–32.

[197] Yang Yang, Timothy Fik., "Spatial Effects in Regional Tourism Growth", *Annals of Tourism Research*, Vol.46, 2014, pp.144–162.

[198] Yang, Y., & Wong, K.K., "A Spatial Econometric Approach to Model Spillover Effects in Tourism Flows", *Journal of Travel Research*, Vol.51, No.6, 2012, pp.768–778.

[199] Yang, Y., Liu, Z.H., & Qi, Q., "Domestic Tourism Demand of Urban and Rural Residents in China: Does Relative Income Matter?", *Tourism Management*, Vol.40, 2014, pp.193–202.

[200] Zhang R, Wang M, Zhang X, et al., "Analysis on the Chemical and Physical Properties of Particles in a Dust Storm in Spring in Beijing", *Powder Technology*, Vol.137, No.1, 2003, pp.77–82.

[201] Zhang, A.P., Zhong, L.S., & Xu, Y., "Investigating Potential Tourists´ Perception of Haze Pollution´s Impacts on Tourism Experience as to Bei-

jing, China." In Advanced Materials ResearchTrans Tech Publications, Vol.1073,2015,pp.378-382.

[202]Zhang,A.,Zhong,L.,Xu,Y.,Wang,H.,Dang,L.,"Tourists' Perception of Haze Pollution and the Potential Impacts on Travel:Reshaping the Features of Tourism Seasonality in Beijing,China", *Sustainability*, Vol.7,No. 3,2015,pp.2397-2414.

[203]Zheng,Y.,Li,S.,Zou,C.,Ma,X.,Zhang,G.,"Analysis of PM$_{2.5}$ Concentrations in Heilongjiang Province Associated with Forest Cover and Other Factors", *Journal of Forestry Research*, Vol.30,No.1,2019,pp.269-276.

后　记

　　1982 年 9 月，我国第一个国家森林公园——湖南张家界国家森林公园正式建立，开启了我国森林公园建设和森林旅游发展的新历程，至今已四十多年时间。回顾这段历程，我国森林公园建设从无到有、从少到多，森林旅游发展从方兴未艾到蒸蒸日上，成为我国经济社会发展中的朝阳产业、绿色产业和富民产业。一大批国家级森林公园、省级森林公园、县市级森林公园如雨后春笋般出现在祖国大地，为广大人民群众深度体验自然、感受人文历史和追求幸福生活提供了绝佳的空间场所。

　　真正着手启动研究森林公园旅游发展问题，大概是缘于 2017 年年底关注到一份中国森林旅游发展的报告，中国森林公园旅游发展的瞩目成绩震撼了我、吸引了我。一连串的惊叹号和问号促使我暂停了手头的其他课题研究，开始大量阅读和研究已有关于森林公园旅游发展的国内外文献，然而，大量的阅读并没有带来疲倦的感觉，反而是兴趣愈加浓厚。中国森林公园旅游发展存在哪些问题？哪些问题可以由我来研究呢？怎么来研究这些问题呢？这些是我在那段时间持续不断思考的问题。俗话说"巧妇难为无米之炊"，带着文献研读以及与师友讨论的问题，开启了艰难的素材寻找之旅。一年多的时间里，幸赖热心师友的慷慨帮助和引荐，去了很多个国家级/省级/市县级森林公园，走访了很多森林公园的管理工作人员，为本书核心内容的撰写提供了丰富、详实的素材和资料。

从内容来看，本书共分为九章，第一章基于已有研究对中国森林公园旅游发展的相关文献进行了系统梳理，包括影响森林公园旅游发展的关键因素、森林公园经营或发展旅游的效率等；第二章研究了保护性投资与森林公园旅游发展问题，该章主体内容发表于 2020 年第二期的《中国农村经济》；第三章从政府投资、公园自筹和社会私人资本等不同资本类型的角度，分析了投资与森林公园旅游发展的关系；第四章研究了景区基础设施与森林公园旅游发展的关系，该章主体内容已翻译成英文发表在旅游学科 2020 年的《Tourism Planning & Development》杂志，文章的 DOI：10. 1080/21568316. 2020. 1829696；第五章探究了雾霾污染对森林公园旅游发展的影响；第六章分析了中国森林公园的旅游效率及其影响因素；第七章分析了中国森林公园经营效率的变动趋势与空间差异；第八章则从环境建设的视角探究了森林公园环境建设的效率；第九章是结论与展望。

从提交初稿到最终定稿，一晃差不多两年时光，现在终于能够付梓。在此，谨向相关各方致以诚挚的谢意：首先，感谢国家林业和草原局（原国家林业局）森林公园管理处和森林旅游管理办公室领导的悉心指导和大力支持，本书多个研究内容的设计都得益于他们的启发和交流，在他们的指导和支持下，笔者和合作者也多次前往不同等级、不同类型的森林公园调研访谈，收获了大量一手资料，为本书具体内容的完成奠定了扎实的基础；其次，感谢国家林业和草原局业务委托项目"绿色'一带一路'战略研究""中国原木进口渠道优化系统研究""'双碳'目标下的林业碳汇市场管理与实践研究"等课题对本书出版给予的支持；再次，特别感谢人民出版社的孟雪编辑，以及在各个审核环节对本书书稿提出修改意见的各位老师，正是你们认真、严谨、追求卓越的工作态度和工作方式，使得本书在往返十数次的修改过程中体系更趋合理、结构更为清晰、内容日臻完善且增色显著；最后，感谢我的合作者程宝栋教授，在本书内容的研究和写作过程中，无数次的讨论激发了非常多的想法和问题，深化了对森林公园旅游发展的理解和认知，他的很多真知灼见和对森林公园旅游发展的深刻洞察以不同的方式转化为了本书的研究内容，由于本书部分内容已经发表于中英文学术期刊，有些内容也在不同的学术会议进行过汇报，在此过程中，期刊编辑老师、外审专家、与会专家等都对相关内容提出了富有专业性、建设性、提升性的意见建议，不仅促进了部分内容的公开发表，也深化了笔者的思考认识，对本书其他内容的撰写也有很大助益。此外，硕士研究生于思凡、康宇鹊等同学对本书的文字和图表也进行了多次的检查和校对。由于学识有限，阅读的文献可能也存在一定的局限性，本书的不足可能在所难免，恳请读者不吝批评指正。

秦光远

2023 年 6 月于北京林业大学

责任编辑:孟 雪
封面设计:姚 菲
责任校对:张杰利

图书在版编目(CIP)数据

中国森林公园旅游发展:影响因素与效率研究/秦光远,程宝栋 著. —北京:
  人民出版社,2023.7
ISBN 978－7－01－025710－5

Ⅰ.①中⋯ Ⅱ.①秦⋯②程⋯ Ⅲ.①森林公园-森林旅游-旅游业发展-
研究-中国 Ⅳ.①S759.992②F592

中国国家版本馆 CIP 数据核字(2023)第 088813 号

中国森林公园旅游发展:影响因素与效率研究
ZHONGGUO SENLIN GONGYUAN LÜYOU FAZHAN:YINGXIANG YINSU YU XIAOLÜ YANJIU

秦光远 程宝栋 著

人民出版社 出版发行
(100706 北京市东城区隆福寺街 99 号)

中煤(北京)印务有限公司印刷 新华书店经销

2023 年 7 月第 1 版 2023 年 7 月北京第 1 次印刷
开本:710 毫米×1000 毫米 1/16 印张:12.5
字数:170 千字

ISBN 978－7－01－025710－5 定价:49.00 元

邮购地址 100706 北京市东城区隆福寺街 99 号
人民东方图书销售中心 电话 (010)65250042 65289539